35.

HOLZ-
OBERFLÄCHENBEHANDLUNG

Zurichten, Beizen, Beschichten, Mattieren, Polieren
Ein praxisnahes Arbeitsbuch für Werkstatt und Ausbildung

Bearbeitet von

HANS FUSSEDER, HEINRICH WENNINGER †,
DR. HEINRICH BECK †
ehem. Lehrer an der Kerschensteiner Gewerbeschule, München

und DR. FRIEDRICH BECK

Sechste, völlig überarbeitete und erweiterte Auflage

 VERLAG WOLFGANG ZIMMER AUGSBURG

Sechste, völlig überarbeitete und erweiterte Auflage
Alle Rechte, auch die des auszugsweisen Nachdrucks und der fotomechanischen Wiedergabe vorbehalten.
© Verlag Wolfgang Zimmer, 1986
Herstellung: Hans Rösler, Augsburg
ISBN 3-87679-024-7

Vorwort zur ersten Auflage

Wissen, Können und Erfahrung aus langer praktischer Arbeit – vereinigt mit den Ergebnissen einer vieljährigen Unterrichtstätigkeit – sind in diesem Büchlein zu Wort gekommen.

Es mag Lehrbuch für Schulen und Selbstunterricht, aber auch Handbuch für die Werkstatt werden. Seine Form und sein Inhalt sind aus solchem Wunsche gewählt, geordnet und verdichtet.

Die Technik und die Methoden sind zwar im Fluß und manches wird die Zukunft zum Guten oder Schlechten wenden –

sicher ist auf längere Sicht das Arbeiten mit dem Büchlein eine gewinnbringende Beschäftigung.

MAX WIEDERANDERS

Vorwort der Verfasser zur sechsten Auflage

Weiterentwicklung bewährter Verfahren und Erschließung neuer Möglichkeiten zur Vergütung von Holzoberflächen gaben Anlaß zu einer völligen Überarbeitung des Lehrinhalts der 5. Buchauflage.

Während die Darstellung handwerklicher Techniken nur mäßiger Erweiterungen bedurfte, erforderte der Fortschritt auf dem Gebiet der Farb- und Kunststoffe deren eingehende Erörterung. Deshalb erscheint die Behandlung der Beizverfahren in größerem Umfang und ist der Beschichtung mit Kunststoffen ein eigenes Kapitel zugeteilt. In geschlossenen Abschnitten zusammengefaßt sind auch die „Auftragstechniken" und die „Oberflächentechniken". Alte Verfahren, soweit sie z. B. für Restaurationsarbeiten noch von Interesse sind, wurden beibehalten. Der Vertiefung des Verständnisses der bei der Oberflächenbehandlung ablaufenden Vorgänge dienen die auf das Notwendige beschränkten, ohne große Vorkenntnisse erfaßbaren Kapitel über Grundbegriffe aus Physik und Chemie sowie über den Aufbau von Kunstharzen.

Breiter Raum ist dem Arbeitsschutz und den gesetzlich vorgeschriebenen Sicherheits- und Unfallverhütungsvorschriften gegeben. Einschlägige Vorschriften sind zusammengestellt; bei der ausführlichen Beschreibung wichtiger, in der Oberflächenbehandlung verwendeter Chemikalien und Produkte finden sich entsprechende Hinweise.

Das vorliegende Buch ist das Resultat langjähriger praktischer Erfahrung. In wesentlichen Teilen seines Inhalts ist es dem Lehrstoff einschlägiger Fachschulen und Ausbildungsstätten angepaßt.

Klare Einteilung und umfassende Darstellung des Stoffgebietes, sowie ein reichhaltiges Sachwortverzeichnis ermöglichen dem Lernenden wie dem Praktiker eine gründliche Information.

Inhalt

1. Entwicklung und Zweck der Vergütung von Holzoberflächen

1.1 Einführung: Aus der Geschichte der Holzoberflächenbehandlung

Die Meinung darüber, in welchem Umfang und in welcher Besonderheit die Oberfläche des Holzes an gebräuchlichen Gegenständen in Erscheinung zu bringen sei, wechselte im Laufe der Zeiten. Im Grunde ging und geht es – nach Maßgabe der jeweils möglichen Mittel und Verfahren und des Zeitgeschmacks – um die Frage, ob die Holzoberfläche in der Glättung belassen oder mit Schmuck vergütet werde. In den Begriff der Glättung können wir die im Buch behandelten Verfahren des Beizens usw. einbeziehen, die wir als *„Veredelung"* betrachten. Wir unterscheiden demnach zwischen Schmuck und Veredelung der Holzoberfläche.

Unter *„Schmuck"* verstehen wir farbige ornamentale Verzierung (etwa Lackmalerei), Schnitzerei, Intarsien aus Elfenbein, Bernstein, Edelmetallen, Schildpatt, Perlmutter, Stein, Porzellan; dazu Beschläge aus Gold oder vergoldeter Bronze in feinster Ausführung. Das Rokoko zeigt Beispiele hierfür. Heutzutage ist „Schmuck" auf der Holzoberfläche, außer in der Nachahmung vergangener Stile, wenig gefragt.

Die *Veredelung* der Holzoberfläche entwickelte sich auf eigenen Wegen. Die Romanik kennt überwiegend nur roh gefügtes Holz. Im Renaissancemöbel vollzieht sich die Hinwendung zur Holzveredelung. Die Beiz- und Farbmittel hierzu sind in Erfindung und Anwendung ebenso erstaunlich wie wirksam. So wird beispielsweise eine Grünbeize aus Grünspan, Weinessig, Urin und Wasser zubereitet. Eine Braunbeize läßt sich aus dem Absud grüner, in Fäulnis übergegangener Walnußschalen filtrieren (Nußbeize); zur Schwarzfärbung dienen Auflösungen von Eisenfeilspänen in Holzessig oder Scheidewasser (Salpetersäure), usw.

Farbmittel sind Erdfarben, d. s. gemahlene farbige Mineralien wie Ocker, Umbra, Terra di Siena, Rötel. Örtliche Dunkeltönung wird erreicht durch vorsichtiges Ziehen von Furnierteilen durch heißen Sand.

Als Beigabe zum Überzugslack kommt dem Bienenwachs aus Gebieten mit bestimmten Pflanzen besondere Bedeutung zu.

Das Selbstansetzen von Mitteln zur Oberflächenbehandlung wird unter Mithilfe von Alchimisten und Apothekern zu einem wesentlichen Bestandteil des Handwerks, das Rezeptbuch als Geheimnisträger einer Werkstätte behütet oder als Erbgut weitergegeben.

Die Holzveredelung erreicht im Barock und Rokoko einen hohen Rang.

Im Auslauf des 19. Jahrhunderts setzt die Fabrikation chemischer Materialien ein.

Im Bereich der Oberflächenbehandlung kommen seit 1900 zunehmend Verfahren auf, in denen man sich bemüht, Alters- und Abnützungserscheinungen des Holzes nachzuahmen, wie sie sich in der freien Natur und an alten Gebrauchsgegenständen finden. Die dabei angewandten Techniken sind das Beizen und Räuchern des Holzes zur Erzielung von Verwitterungs- und Alterstönen, ferner das Aufrauhen der Oberfläche durch Strahlblasen, Sandeln, Bürsten und Brennen. Derartig behandeltes Holz spricht Gemüt und Gefühl des Menschen in bestimmter Weise an.

Ab dem 3. Jahrzehnt unseres Jahrhunderts drückt sich die „Neue Sachlichkeit" im Innenausbau in glatten Oberflächen aus, auf denen der Charakter der Holzart bildhaft wird.

In unserer Zeit bewirkt die Farb- und Kunststoffindustrie mit neuen Mitteln und Verfahren einen gewaltigen Umschwung in der Holzoberflächenbehandlung. Eine Frage will dabei zu Wort kommen: ob da und dort Holzveredelung zu unnatürlicher Kosmetik wird; ob, nicht nur bildlich gesprochen, Weiß zu Schwarz und Schwarz zu Weiß gemacht werden darf? Wer „In-Holz-denken" gelernt hat, weiß um das rechte Maß.

1.2 Zweck der Oberflächenbehandlung

Dem Überzug einer Holzoberfläche fällt als wesentliche Aufgabe deren Schutz und die Steigerung ihrer natürlichen Schönheit zu.

1.2.1 Schutz der Holzoberfläche

Durch einen geeigneten, der Beanspruchung des Werkstückes angepaßtem Schutzüberzug, soll dieses vor Beschädigung durch Stoß, Verkratzen, Einflüssen von Feuchtigkeit und Chemikalien sowie vor Zerstörung durch Insekten oder Mikroorganismen geschützt werden. Für nahezu jeden Anwendungsfall stehen heute hochwertige Schutzpräparate zur Verfügung, die vor verfrühtem Verschleiß bewahren und damit erhebliche volkswirtschaftliche Güter bewahren.

Schützende Verfahren sind z. B. Wachsen, Anstreichen mit Firnis oder Lasuren, Imprägnieren, Beschichten mit Natur- oder Kunstharzlacken.

1.2.2 Steigerung der natürlichen Schönheit des Holzes

Die natürliche Schönheit des Holzes läßt sich steigern durch Betonung der Holzfarbe und Hervorhebung der Zeichnung (Anfeuerung).

Die Betonung der Farbe kann einerseits durch Beizen oder allein schon durch einen anfeuernden Überzug erreicht werden, andererseits läßt sich bei hellen Hölzern wie Ahorn der typische Holzcharakter durch Bleichen noch steigern. Farbändernden Verfahren fällt auch die Aufgabe zu, ungleiche Farbtöne an einem Werktück auszugleichen, die z. B. durch Verwendung von Holz verschiedener Stämme entstehen.

Die Hervorhebung der Zeichnung (Fladern, Spiegel, Maserung, Wuchsanomalien usw.) geht oft schon Hand in Hand mit der Vertiefung der Holzfarbe. Abtragende Methoden (Strahlblasen, Bürsten usw.) bringen die Holzstruktur plastisch zur Wirkung.

Durch fachgerechte Kombination ausgewählter Verfahren kann man dem Holz fast jeden gewünschten Ausdruck verleihen und für den jeweiligen Anwendungsfall die optimale Wirkung erzielen. Eine Orientierung an folgenden Regeln, die die Wirkung der Farbe auf das menschliche Gemüt berücksichtigen, ist dabei hilfreich:

- warme, braune Töne wirken behaglich
- helle Nadelhölzer wirken anmutig und freundlich
- helle Laubhölzer wie Birke oder Ahorn wirken leicht und kühl
- dunkle, schwere Hölzer wie Mahagoni, Palisander wirken wuchtig, repräsentativ.

Der Werkstoff Holz ist aufgrund seiner guten mechanischen Eigenschaften nicht nur ein wertvolles Konstruktionsmaterial; er läßt in sauberer Verarbeitung die vielfältige Schönheit der Natur voll zur Geltung kommen und ermöglicht damit auch künstlerische Gestaltungen.

Entscheidend für Auswahl und Behandlung des Holzes ist die Zweckbestimmung sowohl für den Innenausbau des individuellen Wohnbereichs als auch für die Ausstattung öffentlicher Räume.

Fachgerechte Behandlung der Holzoberfläche kann in das Zuhause des Menschen Behaglichkeit, Gepflegtheit und Geborgenheit bringen; in öffentlichen Bereichen erweckt sie den Eindruck einer streng berechneten Ordnung.

Eine in unserem Sinne erarbeitete Holzveredelung regt eine Zwiesprache mit dem Betrachter an, deren Wirkung unaufdringlich, anheimelnd und erhebend sein kann.

2. Grundbegriffe aus Physik und Chemie

2.1 Element und chemische Verbindung

2.1.1 Begriffe, Einteilung

Beim Aufbau der Materie sind Grundbausteine verwendet, die man Elemente nennt. Elemente sind z. B. Wasserstoff, Kohlenstoff, Sauerstoff, Magnesium, Schwefel, Eisen usw. Man kennt heute 104 Elemente. 92 davon kommen natürlich vor, die restlichen 12 sind nur künstlich durch radioaktive Umwandlung herstellbar. Nicht alle Elemente sind beständig; insbesondere die schwersten, z. B. Uran, Plutonium zerfallen radioaktiv mit sehr verschiedener Geschwindigkeit.

Die Elemente werden mit Buchstaben bezeichnet, die sich meist aus ihrem lateinischen oder griechischen Namen herleiten (S = Sulfur = Schwefel, Fe = Ferrum = Eisen, O = Oxygenium = Sauerstoff). Im „Periodensystem der Elemente" sind sie in Gruppen übersichtlich zusammengestellt.

Stoffe, die aus zwei oder mehreren Elementen aufgebaut sind, nennt man chemische Verbindungen (z. B. Wasser, Zucker, Kochsalz usw.). Die kleinsten Bausteine chemischer Verbindungen sind die Moleküle. Der Chemiker unterscheidet „anorganische" und „organische" Stoffe; er spricht von anorganischer und organischer Chemie.

Die anorganische Chemie befaßt sich mit den Elementen und Verbindungen der unbelebten Natur, z. B. Gesteine, Erze, Metalle, Gase der Atmosphäre usw. Dazu kommen alle aus den Elementen (einschließlich der künstlichen) mit Ausnahme des Kohlenstoffs hergestellten Verbindungen.

Die organische Chemie beschreibt die fast unendliche Vielfalt der meist komplizierten Kohlenstoffverbindungen, die die Basis für unsere belebte Umwelt darstellen. Die große Bedeutung organischer Stoffe für die Technik erkennt man am Beispiel der Vielfalt organischer Kunststoffe, die unseren Alltag geprägt haben und daraus nicht mehr wegzudenken sind.

2.1.2 Chemische Reaktionen

Fast alle Elemente können sich miteinander verbinden, sie reagieren miteinander und bilden neue Stoffe. Solche Reaktionen kann man mit den Elementsymbolen wie eine Gleichung anschreiben, z. B.:

$$2\,Na \quad + \quad Cl_2{}^{1)} \quad \rightarrow \quad 2\,NaCl \qquad (+\,Wärme) \tag{1}$$

Natrium   Chlor   Natriumchlorid

---

1) Die Moleküle der Elementargase (außer den Edelgasen) bestehen aus 2 Atomen. Man schreibt nicht H, O, Cl, N usw., sondern H_2, O_2, Cl_2, N_2.

Ein chemischer Stoff kann sich auch in seine Elemente zerlegen lassen, z. B.:

| 2 HgO (+ Wärme) | → | 2 Hg | + | O_2[1]) | (2) |
| Quecksilberoxid | | Quecksilber | | Sauerstoff | |

Verbindungen können sich auch unter Bildung neuer Stoffe miteinander umsetzen, z. B.:

| NaOH | + | HCl | → | NaCl | + | H_2O (+ Wärme) | (3) |
| Natriumhydroxid | | Chlorwasserstoff | | Natriumchlorid | | Wasser | |

Gleichung 1 kann man auch so lesen:
2 Atome Natrium reagieren mit einem Molekül Chlor zu 2 Molekülen Natriumchlorid.

Gleichung 3 könnte lauten:
1 Molekül Natriumhydroxid und 1 Molekül Chlorwasserstoff reagieren zu 1 Molekül Natriumchlorid und 1 Molekül Wasser.
Der Pfeil in der Gleichung gibt die Richtung der ablaufenden Reaktionen an. Viele Reaktionen sind auch umkehrbar, d. h. unter veränderten Bedingungen (Druck, Temperatur usw.) laufen sie ganz oder teilweise in umgekehrter Richtung ab.

2.1.3 Oxidation und Reduktion

Eine Reaktion von besonderer Bedeutung ist die Vereinigung mit Sauerstoff, die man Oxidation nennt.
Fast alle Elemente und viele chemische Verbindungen reagieren bei normaler oder erhöhter Temperatur mit Sauerstoff, wobei oft eine beträchtliche Wärmemenge freigesetzt wird. Geht diese Umsetzung unter Feuererscheinung vor sich, so spricht man von Verbrennung. Langsam bei Zimmertemperatur ablaufende Oxidationsvorgänge nennt man stille Verbrennung oder „Autoxidation", z. B. das Rosten des Eisens, das Vermodern von Holz.
Die Sauerstoffverbindungen der Elemente heißen Oxide, z. B. Kalziumoxid CaO, gebrannter Kalk; Kohlendioxid CO_2; Kupferoxid CuO; Aluminiumoxid Al_2O_3, Korund; Schwefeldioxid SO_2 und Schwefeltrioxid SO_3.
Der Vorgang der Oxidation ist umkehrbar. Wenn die Bindungskräfte eines Elements zu Sauerstoff größer sind als die eines anderen Elements zu Sauerstoff, so kann das erste Element dem Oxid des zweiten den Sauerstoff entreißen; z. B.:

| FeO | + | CO | → | Fe | + | CO_2 | (4) |
| Eisenoxid | | Kohlenoxid | | Eisen | | Kohlendioxid | |

---

1) Siehe Fußnote S. 18

Den Vorgang des Sauerstoffentzugs nennt man Reduktion.

Merke:
- Stoffe, die ihren Sauerstoff auf andere übertragen, nennt man Oxidationsmittel; sie wirken oxidierend.
- Stoffe, die Sauerstoff an sich binden, nennt man Reduktionsmittel; sie wirken reduzierend.

2.1.4 Säuren, Basen, pH-Wert

Viele Oxide, insbesondere die der leichten Elemente, lösen sich in Wasser und gehen damit eine chemische Verbindung ein, z. B.:

$$SO_3 \quad + \quad H_2O \quad \rightarrow \quad H_2SO_4 \qquad (5)$$
Schwefeltrioxid   Wasser   Schwefelsäure

$$CaO \quad + \quad H_2O \quad \rightarrow \quad Ca(OH)_2 \qquad (6)$$
Kalziumoxid   Wasser   Kalziumhydroxid (Base)

Merke:
- In Wasser gelöste Nichtmetalloxide schmecken sauer, es sind Säuren.
- In Wasser gelöste Metalloxide schmecken seifig, ätzend; man nennt sie Basen oder Laugen.[1]

Es gibt starke, mittelstarke und schwache Säuren und Basen. Ein Maß für ihre Stärke ist der sogenannte pH-Wert. Seine Skala, die sich aus physikalisch-chemischen Gesetzmäßigkeiten errechnet, umspannt den Bereich von pH 0 bis pH 14 (Bild 1).

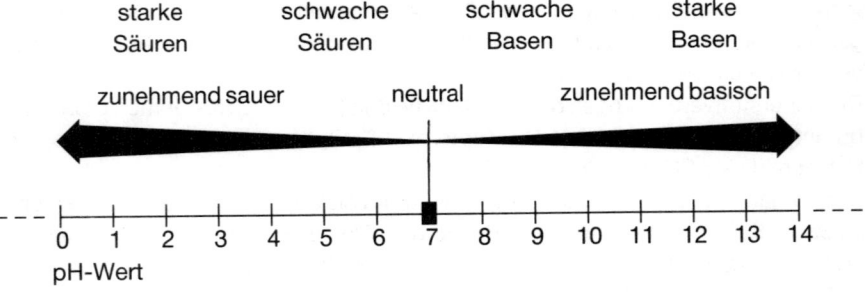

Bild 1
Skala des pH-Werts

---

1) Für die Begriffe „Basen" bzw. „basisch" sind auch die Bezeichnungen „Alkalien" bzw. „alkalisch" im Gebrauch.

Starke Säuren haben pH-Werte von 0, 1, 2, schwache Säuren solchen von z. B. 4 oder 5. Entsprechend haben schwache Basen pH-Werte von z. B.9 oder 10, starke Basen solche von 12, 13, 14. Der mittlere Bereich um pH 7 ist weder sauer noch basisch, er ist neutral. pH 7 ist der pH-Wert des reinen Wassers.

Den pH-Wert einer Lösung kann man sehr genau durch elektrische Meßgeräte, sogenannte pH-Meter messen. In der Werkstatt bestimmt man ihn mit Hilfe eines sogenannten pH- oder Indikatorpapiers. Dieses enthält einen Farbstoff, der sich beispielsweise im sauren Bereich rot, im basischen blau färbt und im Neutralpunkt orange bleibt. Anhand einer Farbvergleichsskala läßt sich der pH-Wert einer Lösung ermitteln. Mit dem früher meist verwendeten Lackmuspapier kann man nur zwischen sauer (rot) und basisch (blau) unterscheiden, nicht aber den pH-Wert bestimmen.

2.1.5 Salze

Säuren und Basen reagieren oft heftig miteinander, wobei sich Wasser abspaltet und Salze entstehen. Den Vorgang nennt man Neutralisation, weil Salze chemisch meist neutral reagieren. Beispiel:

$$H_2SO_4 \quad + \quad 2\,NaOH \quad \rightarrow \quad Na_2SO_4 \quad + \quad H_2O \qquad (7)$$

Schwefelsäure   Natronlauge   Natriumsulfat   Wasser

Salze entstehen auch durch Auflösen von Metall in Säure, z. B.:

$$H_2SO_4 \quad + \quad Zn \quad \rightarrow \quad ZnSO_4 \quad + \quad H_2 \qquad (8)$$

Schwefelsäure   Zink   Zinksulfat   Wasserstoff

In der Oberflächenbehandlung spielt die Neutralisation eine Rolle, wenn etwa auf der Holzoberfläche verbliebene Reste einer Säure oder Base beseitigt werden sollen, z. B. das Nachwaschen (Neutralisation) mit verdünnter Salz- oder Essigsäure nach dem Abbeizen mit Lauge.

2.1.6 Kohlenstoff-Chemie

Die typische Eigenschaft des Kohlenstoffatoms ist eine Fähigkeit zur Ausbildung langer Kohlenstoffketten. Die einfachsten Verbindungen dieser Art sind die Kohlenwasserstoffe, die z. B. in Erdgas und Erdöl vorkommen und nur aus Kohlenstoff und Wasserstoff bestehen; das Kettenmolekül hat einen gleichmäßigen Aufbau, der durch die sich fortsetzende Aneinanderreihung von $-CH_2-$Gruppen bestimmt ist. Die kontinuierliche Folge der Kohlenstoffatome kann durch Fremdatome (z. B. N, O), unterbrochen sein, ebenso können Wasserstoffatome durch andere Atome oder

Atomgruppen (z. B. O, OH, NH_2, Cl) ersetzt sein. Nach diesem Bauprinzip ist die nahezu unendliche Vielfalt der organischen Stoffe aufgebaut (vgl. Seite 90).

```
      H H H H H
      | | | | |
  -- C-C-C-C-C -----
      | | | | |
      H H H H H        Polyäthylen
```

Kettenmoleküle mit Fremdatomen stellen auch das Bauprinzip moderner Kunststoffe dar. Als Beispiel sei nur das Polyestermolekül erwähnt. Näheres dazu findet sich in Kapitel 8.

```
   O H H H H H H O   H H   O H H H H H O
   || | | | | | | ||  | |   || | | | | | ||
-- C-C-C-C-C-C-C-C-O-C-C-O-C-C-C-C-C-C-C-C-O-
      | | | | | |    | |      | | | | | |
      H H H H H H    H H      H H H H H H
   Polyester-Kettenmolekül
```

2.2   Stoffgemenge

2.2.1 Begriffe

Vielfach erkennt man schon am Äußeren eines Stoffes, ob er einheitlich („homogen")
aufgebaut ist oder ob er sich aus verschiedenartigen Teilchen uneinheitlich („heterogen") zusammensetzt. Beispiele:
Homogen sind: Messing, Schwefel, Zucker, Luft, Wasser, Zuckerwasser;
heterogen sind: Granit, Mörtel, Rauch, Schlamm.
Entsprechend den auftretenden Teilchengrößen teilt man Gemenge ein in Dispersionen und Lösungen.

2.2.2 Dispersionen

Unter einer Dispersion versteht man ein Stoffgemenge, in dem der eine, der dispergierte Stoff, im anderen Stoff, dem Dispersionmittel, fein verteilt ist. Sowohl das Dispersionsmittel als auch der darin verteilte (dispergierte) Stoff können dabei fest, flüssig oder gasförmig sein. Die dispergierten Teilchen können eine Größe von einem Zehntausendstel bis unter einem Millionstel mm haben. Beispiel: Im Dispersionsleim sind feste Leimpartikel (dispergierter Stoff) in Wasser (Dispersionsmittel) dispergiert.
Eine Dispersion von festen Teilchen in einer Flüssigkeit nennt man Suspension (Aufschlämmung), eine Dispersion von Flüssigkeitströpfchen in einer Flüssigkeit Emulsion.

Dispersionen neigen zur Entmischung, wobei sich die Teilchen langsam absetzen. Daher müssen Dispersionen vor der Verwendung stets gut gemischt oder geschüttelt werden. Die vermengten Stoffe lassen sich bis zu einem bestimmten Grad durch Filtrieren oder Zentrifugieren voneinander trennen.

2.2.3 Lösungen

Wenn ein Stoff in einer Flüssigkeit so fein verteilt ist, daß nur noch getrennte Moleküle darin schwimmen, so nennt man das Gemenge eine Lösung, die Flüssigkeit Lösemittel.
Beispiele: Zuckerwasser, farbloser Nitrolack
Die höchstmöglich lösbare Menge eines Stoffes in einem bestimmten Volumen des Lösemittels hängt von der Temperatur ab. Eine gesättigte Lösung eines Stoffes nimmt nichts weiter auf, ein etwaiger Überschuß bleibt am Boden liegen. Konzentriert nennt man eine Lösung dann, wenn ihr Gehalt nahe dem Sättigungspunkt liegt. Bei Lösungen lassen sich die Stoffe nicht mehr durch Filtration, sondern nur mehr durch Destillation voneinander trennen. Dabei erhitzt man die Lösung in einem geschlossenen Gefäß, wobei das Lösemittel verdampft und durch Abkühlung des Dampfes wieder gesammelt werden kann (Destillat). Der gelöste Stoff bleibt unverändert im Destillationsgefäß zurück.
Trocknen ist eine langsame Destillation, wobei das Lösemittel bei Raum- oder erhöhter Temperatur abdunstet und meist nicht zurückgewonnen wird. Zurück bleibt der trockene, vorher gelöste Stoff.
Beispiele: Eindunsten einer Salzsole zur Salzgewinnung. Trocknen des Nitrolackes; die gelöste Nitrozellulose bleibt als fester Film zurück.

2.2.4 Legierungen

Geschmolzene Metalle lassen sich wie Flüssigkeiten miteinander mischen bzw. in bestimmten Verhältnissen ineinander lösen. Die abgekühlten, erstarrten Mischungen nennt man Legierungen. Sie haben oft völlig andere Eigenschaften als die Ausgangsmetalle.
Beispiele: Messing = Kupfer + Zink
            Bronze   = Kupfer + Zinn
Durch geeignete Wahl der Ausgangsstoffe und des Mischungsverhältnisses können hochwertige Legierungen mit gezielten Eigenschaften hergestellt werden.

2.2.5 Sol-Gel-Umwandlung; Thixotropie

Werden Stoffe mit sehr großen Molekülen („Makromolekülen") in einem Lösemittel gelöst, so können sich diese bei ausreichender Konzentration, d. h. genügender ge-

genseitiger Annäherung, durch schwache „Nebenkräfte" (die keine echten chemischen Bindungen sind) aneinander binden. Es entsteht ein locker aufgebautes Gerüst des gelösten Stoffes im vorgegebenen Volumen. Das Gemisch verfestigt sich, es wird gallertig, es entsteht ein „Gel". Durch Bewegung (Rühren, Schütteln) werden die schwachen Bindungen gelöst, die Moleküle schwimmen wieder einzeln im Lösemittel; die Lösung ist wie zu Beginn dünnflüssig (Sol). Beim Stehenlassen erstarrt das Gel wieder usf. Dieser Vorgang der umkehrbaren Sol-Gel-Umwandlung wird Thixotropie genannt und beispielsweise bei nichttropfenden Lacken ausgenutzt.

3. Eigenschaften wichtiger Elemente und Verbindungen

Bei den meisten hier besprochenen, in der Oberflächenbehandlung benötigten Chemikalien sind Vermerke über Aufbewahrung sowie Behälterkennzeichnung nach Vorschrift der in Abschnitt 12 beschriebenen „Verordnung über gefährliche Arbeitsstoffe" angegeben. Für einige Stoffe ist die zusätzliche Anbringung weiterer Gefahrensymbole empfohlen (gekennzeichnet durch den Vermerk „nicht nach AV"), um auf gefährliche oder gesundheitsschädigende Wirkungen dieser Stoffe hinzuweisen.

Ergänzend sind die Nummern der ebenfalls in Abschnitt 12 zusammengestellten Gefahrenhinweise (R-Sätze) und Sicherheitsratschläge (S-Sätze), und wo nötig die MAK-Werte vermerkt (s. Seite 151).

Als weitere Hilfe sind Vorschläge für geeignete Maßnahmen zur Beseitigung kleiner Mengen übriggebliebener oder verschütteter Chemikalien enthalten. Die Zahlen beziehen sich auf die in Abschnitt 12 aufgeführten Verfahrensweisen.

3.1 Elemente

Wasserstoff H_2

ist als farb- und geruchloses Gas das leichteste aller Elemente: 1 m³ wiegt rund 90 g. Im Gemisch mit Sauerstoff reagiert er explosionsartig zu Wasser (Knallgas). In reiner Form findet sich Wasserstoff in der Atmosphäre in etwa 100 km Höhe.

Sauerstoff O_2

ist ein ebenfalls farb- und geruchloses Gas, das zu etwa 21 Vol.-% in unserer Atmosphäre enthalten ist. Er brennt selbst nicht, unterhält aber die Verbrennung und kann bei Berührung mit organischen Verbindungen explosionsartig reagieren.

Stickstoff N_2

ist ein unbrennbares Gas; mit 78 Vol.-% ist er Hauptbestandteil unserer Atmosphäre. Er ist im Eiweiß sowie in vielen Mineralien und technisch bedeutsamen Kunststoffen enthalten.

Kohlenstoff C

kommt in elementarer Form in der Natur als Kohle, Grafit und Diamant vor. Er bildet das Grundgerüst aller organischen Verbindungen und ist deren Hauptbestandteil. In der Atmosphäre ist er als Kohlendioxid zu 0,03 Vol.-% enthalten.

Schwefel S

ist gelb und kommt meist als Pulver in den Handel. An der Luft verbrennt er mit blauer Flamme zu dem stechend riechenden Schwefeldioxid SO_2.

Chlor Cl₂

Chlor Cl$_2$

ist ein gelbgrünes, stechend riechendes Gas. Im Gemisch mit Wasserstoff reagiert es heftig zu Chlorwasserstoff HCl (Chlorknallgas).

Metalle,

wie Natrium Na, Kalium K, Kalzium Ca, Magnesium Mg, kommen in der Natur nur in Verbindungen vor und gehören zu den am häufigsten in der Erdrinde enthaltenen Elementen. Natrium und Kalium reagieren heftig mit Wasser unter Wasserstoffentwicklung und werden daher unter Petroleum aufbewahrt.

3.2 Säuren

Schwefelsäure H$_2$SO$_4$

Reine konzentrierte Schwefelsäure (98%ig) ist eine farblose ölige Flüssigkeit mit dem Siedepunkt 338° C und dem sehr hohen spezifischen Gewicht von 1,8. Sie ist ein starkes Oxidationsmittel und reagiert heftig mit Wasser. Die dabei freiwerdende Wärme ist so groß, daß bei unvorsichtigem Hantieren explosionsartiges Sieden eintreten kann. Beim Verdünnen gießt man die Säure langsam und vorsichtig in einem dünnen Strahl ins Wasser und rührt dabei kräftig um (Säure zum Wasser, so wie im Alphabet die Buchstabenreihe von S zum W fortschreitet; Schutzbrille benutzen!). Die oxidierende und die wasserentziehende Wirkung der konzentrierten Schwefelsäure ist so stark, daß sie viele organische Stoffe, wie Holz, Papier, Textilien, unter Verkohlung zerstört.

Die verdünnte Schwefelsäure zählt zu den starken Säuren, die unedle und viele edle Metalle unter Bildung von Sulfaten löst und wie die konzentrierte Säure organische Stoffe zerstört (Vorsicht auf Kleider!). In der Oberflächenbehandlung wird sie 1:10 verdünnt beispielsweise zum Abpolieren verwendet.

Schwefelsäure wirkt stark ätzend auf Haut, Augen, Schleimhäute und Atemwege. Bei Verätzungen mit viel fließendem Wasser spülen! Bei kleineren Säurespritzern genügt dann Einreiben mit fetthaltiger Salbe; bei größerer Hautverätzung legt man eine Brandbinde mit Schlämmkreide auf und geht möglichst rasch zum Arzt. Bei Augenverätzungen nach kräftiger Spülung sofort zum Augenarzt!

Aufbewahrung: Glasflasche mit Glas- oder Kunststoffverschluß

Behälterkennzeichnung: Inhalts- und Konzentrationsangabe, Gefahrensymbol „ätzend"

R 35; S 2–26–30; MAK (Nebel) 1 mg/m^3

Beseitigung: 1

Schweflige Säure H$_2$SO$_3$; Schwefeldioxid SO$_2$

Durch Verbrennung von Schwefel oder durch Rösten schwefelhaltiger Erze entsteht ein farbloses, ätzendes, nicht brennbares Gas von stechendem Geruch. Es löst sich in Wasser unter Bildung der schwachen, reduzierend wirkenden schwefligen Säure. Ihre sauren Salze, die Bisulfite, sind kräftige Bleichmittel.

Salpetersäure HNO_3

Die handelsübliche konzentrierte Salpetersäure ist etwa 65%ig. Sie ist eine stechend riechende, mit Wasser mischbare, ätzende Flüssigkeit, die giftige Dämpfe abgibt. Wie die Schwefelsäure ist sie stark oxidierend. Sie löst die meisten unedlen und edlen Metalle unter Bildung von Nitraten. Viele organische Stoffe werden bei Berührung mit konzentrierter Salpetersäure zerstört, eiweißhaltige Stoffe (Haut, Wolle usw.) färben sich gelb.

Auch die verdünnte Salpetersäure zählt zu den starken Säuren, da sie die meisten Metalle angreift.

In der Schreinerei kommt Salpetersäure heute nur noch als Vorbehandlungsmittel beim Brennen zur Anwendung; früher wurde sie als Gelbbeize benützt.

Konzentrierte und verdünnte Salpetersäuren wirken ätzend auf Haut, Schleimhäute und Augen und verursachen schlecht heilende Wunden. Größere aufgenommene Mengen führen zu Blutschäden.

Bei Verätzung verhalten wie bei Schwefelsäure!

Aufbewahrung: Braune Glasflasche mit Glas- oder Kunststoffverschluß

Behälterkennzeichnung: Inhalts- und Konzentrationsangabe, Gefahrensymbol „ätzend"; „gesundheitsschädlich" (Xi) (nicht nach AV)

R 35; S 2–23–26–27. MAK 25 mg $HNO_3/m^3 \triangleq 10$ ppm

Beseitigung: 1

Salzsäure HCl, Chlorwasserstoffsäure

Wäßrige Salzsäure entsteht durch Auflösen von Chlorwasserstoffgas (Verbindung von Chlor und Wasserstoff) in Wasser.

Konzentrierte Salzsäure hat einen Gehalt von etwa 37% Chlorwasserstoff. Sie ist farblos und gibt an der Luft stechend riechende, ätzende Chlorwasserstoff-Dämpfe ab („Rauchende Salzsäure").

Als sehr starke, nicht oxidierende Säure löst sie unedle Metalle unter Wasserstoffentwicklung und Bildung von Chloriden und greift auch tierische oder pflanzliche Stoffe an (Vorsicht auf Kleider!). Verdünnte Salzsäure reagiert ähnlich, nur schwächer.

Salzsäure verdunstet völlig rückstandslos; sie stellt somit auf Holz ein wertvolles Neutralisationsmittel dar. Die bei der Neutralisation entstehenden Salze lassen sich leicht abwaschen. Salzsäure dient auch zum Aufhellen von Beizen und zum Bleichen, ferner zum Abbeizen von Farbanstrichen.

Technische Salzsäure ist oft durch Eisenchlorid gelblich gefärbt. Diese gelbliche Säure ist für die Behandlung der Holzoberfläche unbrauchbar; der Eisenbestandteil der Säure tönt das Holz je nach seinem Gerbstoffgehalt hell- bis dunkelblau, bei ammoniakhaltigen Beizen bräunt er.

Salzsäuredämpfe wirken stark korrodierend und können Metallgegenstände (Maschinen, Werkzeuge) rasch durch Rostbildung beschädigen. Salzsäure verursacht Haut- und Augenverätzungen, reizt die Schleimhäute und Atemwege. Bei Verätzungen mit viel Wasser abwaschen! Weiteres Verhalten wie bei Schwefelsäure.

Aufbewahrung: Glasflasche mit Glas- oder Kunststoffverschluß

Behälterkennzeichnung: Inhalts- und Konzentrationsangabe, Gefahrensymbol „ätzend"; „gesundheitsschädlich" (Xi) (nicht nach AV)

R 34–37; S 2–26. MAK 7 mg HCl/m^3 $\triangleq$ 5 ppm

Beseitigung: 1

Kohlensäure H_2CO_3; Kohlendioxid CO_2

Kohlendioxid entsteht bei der Verbrennung von Kohle oder kohlenstoffhaltigen Verbindungen. Es löst sich mäßig gut in Wasser und bildet damit zu einem geringen Anteil die schwache Kohlensäure H_2CO_3. Bedeutung haben ihre Salze, die Karbonate.

Oxalsäure $(COOH)_2 \cdot 2\ H_2O$,

eine starke organische Säure, kristallisiert in farblosen Prismen, die an der Luft unter Wasserabgabe verwittern. In Wasser und Alkohol ist sie löslich, mit Oxidationsmitteln bildet sie explosive Gemische. Sie hellt durch Oxidation entstandene Färbungen auf und ist daher wie ihr saures Salz, das Kleesalz (Seite 34), ein Bleichmittel.

Auf Haut und Schleimhäute wirkt Oxalsäure entzündungserregend und ätzend; sie ist ein Herz-, Kreislauf- und Nierengift. Bei Verätzungen sofort mit viel Wasser spülen, beim Verschlucken Wasser oder besser Milch trinken und erbrechen lassen!

Aufbewahrung: Glas- oder Kunststoffbehälter

Behälterkennzeichnung: Inhaltsangabe, Gefahrensymbol „gesundheitsschädlich" (Xn)

R 21/22; S 2–24/25.

Beseitigung: 8

Essigsäure CH_3COOH

wird technisch durch Oxidation von Alkohol gewonnen. Bei biologisch ablaufenden Prozessen bewirken Mikroorganismen die Oxidation von Alkohol: Wein wird zu Essig.

Reine Essigsäure („Eisessig") ist eine farblose, ätzende, stark „essigsauer" riechende Flüssigkeit, die kräftig Wasser anzieht. Als mittelstarke organische Säure greift sie unedle Metalle unter Bildung von Acetaten an. Für die Herstellung von Beizen ist sie von großer Bedeutung. Verdünnte Essigsäure verflüchtigt sich auf Holz ähnlich wie Salzsäure restlos.

Essigsäure ätzt Haut, Schleimhäute und Augen und erzeugt bei größeren aufgenommenen Mengen Organschäden. Bei Verätzungen gründlich mit viel Wasser spülen, bei Augenverätzungen lange spülen und zum Augenarzt gehen!

Aufbewahrung: Glas- oder Kunststoffbehälter

Behälterkennzeichnung: Inhaltsangabe, Gefahrensymbol „ätzend"; „entzündlich" (beide nicht nach AV)

R 10–35; S 2–23–26. MAK 25 mg/m^3 ≙ 10 ppm

Beseitigung: 9

Zitronensäure HOC-(CH$_2$COOH)$_2$–COOH

ist eine weiße, kristalline Substanz, die in der Natur u. a. in Zitrusfrüchten vorkommt. Sie löst sich leicht in Wasser zu einer starken organischen Säure. In der Oberflächenbehandlung wird sie zum Bleichen verwendet.

Zitronensäure ist beim Verschlucken kleiner Mengen ungiftig. Sie ätzt Haut und Schleimhäute; bei Verätzungen verhalten wie bei Essigsäure.

Aufbewahrung: Glas- oder Kunststoffbehälter

Behälterkennzeichnung: Inhaltsangabe, Gefahrensymbol „ätzend" (nicht nach AV)

Beseitigung: 9

3.3 Basen (Alkalien); Laugen

Natriumhydroxid, NaOH, Ätznatron; Natronlauge
Kaliumhydroxid, KOH, Ätzkali; Kalilauge

Beide Stoffe haben sehr ähnliche Eigenschaften. Sie werden großtechnisch aus Natriumchlorid (Kochsalz) bzw. Kaliumchlorid durch Elektrolyse[1] hergestellt. Im Handel sind sie als weißes Pulver, als Plätzchen oder Schuppen. Ätznatron ist billiger als Ätzkali. Beide Hydroxide ziehen an der Luft Feuchtigkeit und Kohlendioxid unter Bildung von Karbonaten an (sie „zerfließen"). In Wasser und Alkoholen lösen sie sich sehr leicht unter kräftiger Wärmeentwicklung (kräftig umrühren, sonst explosionsartige Siedegefahr). Die wäßrigen Lösungen sind starke Laugen, die unedle Metalle wie Aluminium, Zink u. a. auflösen und tierische und pflanzliche Stoffe (Wolle, Textilien, Polyestergewebe) zerstören. Daher können Laugen auch zum Entfernen von Ölfarben- und Lackanstrichen verwendet werden.

Beide Hydroxide und ihre Lösungen ätzen Haut und Schleimhäute sehr stark und hinterlassen schwer heilbare Wunden. Augenverätzungen können zum Erblinden führen. Stäube und Nebel reizen die Atmungsorgane.

Bei Verätzungen kräftig mit Wasser spülen, ggf. sterilen Verband anlegen und zum Arzt gehen! Bei Augenverletzungen bei geöffnetem Lidspalt mehrere Minuten lang kräftig spülen und sofort in die Augenklinik!

---

1) Zersetzung durch den elektrischen Strom

Aufbewahrung (Feststoffe und Lösungen): Glas- oder Kunststoffbehälter mit Kunststoffverschluß (Glasverschlüsse backen fest)

Behälterkennzeichnung: Inhaltsangabe, Gefahrensymbol „ätzend" (C)

R 35; S 2–26–37/39.

Beseitigung: 3

Kalziumhydroxid (Ätzkalk) Ca(OH)$_2$

entsteht beim Löschen von gebranntem (vom Kalkofen kommenden) Kalk mit Wasser; er bildet ein weißes, staubiges Pulver, das sich mäßig schwer in Wasser löst. Die Lösung heißt „Kalkwasser" und reagiert stark basisch. Kalkmilch ist eine wäßrige Aufschlämmung von Kalziumhydroxid in Wasser, die auch als Anstrichfarbe dient. Mit ihr lassen sich auf Lärche, Kirschbaum, Nußbaum und Mahagoni schöne Alterstöne erzielen.

Kalziumhydroxid und Kalkmilch wirken etwas schwächer gesundheitsschädlich als Kaliumhydroxid bzw. Kalilauge. Bei Verätzungen Verhalten wie dort!

Aufbewahrung: Glas- oder Polyäthylenflasche, Kunststoffverschluß

Behälterkennzeichnung: Inhaltsangabe, Gefahrensymbol „gesundheitsschädlich"; „ätzend" (nicht nach AV)

R 36/37/38; S 28.

Beseitigung: 3

Ammoniak NH$_3$; Ammoniaklösung (Salmiakgeist) NH$_4$OH

Ammoniak[1]) ist ein farbloses, zu Tränen reizendes Gas. In der Natur entsteht es bei Fäulnis stickstoffhaltiger organischer Körper, wie Harn, Haare usw. Die Industrie stellt Ammoniak aus Kohle, Luft und Wasserdampf dar.

Ammoniak löst sich außerordentlich leicht bis zu 50 Gew.-% in Wasser unter Bildung von Ammoniumhydroxid NH$_4$OH. Handelsübliche konzentrierte Ammoniaklösungen sind 25%ig oder 33%ig. Ammoniaklösungen sind auch in verdünntem Zustand starke bis mittelstarke Basen.

Viele Beizen haben einen Zusatz von Ammoniak. Dieser bewirkt, daß die Beize tiefer in das Holz eindringt. Ammoniak verdunstet rasch aus Lösungen, die Dämpfe „räuchern" gerbstoffhaltige Hölzer in einem schönen, warmen, natürlichen Ton (Seite 74).

Ammoniak wirkt stark reizend auf Schleimhäute, Atemwege und Augen. Große Mengen können lebensgefährlich sein. Wie das Gas rufen konzentrierte Lösungen starke Verätzungen und Schäden hervor, die oft erst später in Erscheinung treten. Hautverätzungen sofort mit fließendem Wasser oder Essigwasser spülen, Spritzer

---

1) Nach deutscher Sprachregelung heißt es „das Ammoniak" (von lat. sal ammoniacum).
   Mit Rücksicht auf den üblichen Sprachgebrauch verwenden wir jedoch den männlichen Artikel („der Ammoniak").

in die Augen bei gut geöffnetem Lidspalt mit Wasser spülen und zum Augenarzt gehen! Vor Verätzungen der Atemwege kann man sich begrenzt durch einen feuchten Wattebausch vor der Nase oder besser durch eine Maske schützen.

Aufbewahrung: Glas- oder Kunststoffbehälter

Behälterkennzeichnung: Inhalts- und Konzentrationsangabe, Gefahrensymbol „ätzend" bei Lösungen über 35% Ammoniakgehalt, „gesundheitsschädlich" (Xi) bei Lösungen von 10 ... 35% Ammoniakgehalt

R 36/37/38; S 2–26. MAK 35 mg/m^3 ≙ 50 ppm

Beseitigung: 3

3.4 Salze

Natriumkarbonat (Soda) Na$_2$CO$_3$

Wasserfreie oder kalzinierte (geglühte) Soda ist eine weiße, pulverige Masse. Wasserhaltige oder kristallisierte Soda (Na$_2$CO$_3$ · 10 H$_2$O) besteht aus farblosen Kristallen, die an trockener Luft unter Abgabe des Kristallwassers zu kalzinierter Soda verwittern. Die wasserfreie Soda hat etwa den doppelten Karbonatgehalt wie die wasserhaltige.

Natriumkarbonat löst sich leicht in Wasser. Die Lösung schmeckt laugig und reagiert stark basisch; sie wird daher als Ablauge- und Entharzungsmittel verwendet. Verätzungen von Haut und Augen mit reichlich Wasser spülen, bei Augenverätzungen zum Augenarzt gehen!

Aufbewahrung: Glas- oder Kunststoffgefäß

Behälterkennzeichnung: Inhaltsangabe, Gefahrensymbol „gesundheitsschädlich" (Xi) (nicht nach AV)

Beseitigung: 4

Kaliumkarbonat (Pottasche) K$_2$CO$_3$

ist Bestandteil aller Landpflanzen. Früher wurde es aus Holzasche durch Auslaugen gewonnen und deshalb Pottasche (Pott = Topf) genannt. Das feste, reine Kaliumkarbonat ist eine weiße, pulverige Masse, die an der Luft durch Wasseraufnahme rasch zerfließt. Es löst sich leicht in Wasser; die Lösung reagiert stark alkalisch und findet Anwendung als Zusatz zu Vorbeizen und als Nachbeize für Nadelhölzer, die mit Tannin oder Pyrogallol vorgebeizt sind.

Verhalten bei Verätzungen, Aufbewahrung und Kennzeichnung, wie bei Natriumkarbonat.

Beseitigung: 4

Eisenchlorid FeCl$_3$ · 6 H$_2$O

kristallisiert in bräunlichen, mattglänzenden Blättern oder Tafeln, die granatrot durchscheinen. An feuchter Luft zerfließt es zu einer dunkelbraunen Flüssigkeit. In Wasser löst es sich unter Wärmeentwicklung zu einer rotbraunen Lösung, aus der sich gelbe, strahlige Kristalle ausscheiden. Eisenchlorid wird häufig als Nachbeize gebraucht. Vorratslösungen (gewöhnlich 5%ig) sind beständig.

Aufbewahrung: Glas- oder Kunststoffgefäß

Behälterkennzeichnung: Inhaltsangabe, Gefahrensymbol „gesundheitsschädlich" R 22–36/38; S 2–13–39.

Beseitigung: 2

Kupfersulfat CuSO$_4$ · 5 H$_2$O

bildet blaue, durchsichtige Kristalle. Wasserfreies Kupfersulfat ist ein schmutzig-weißes Pulver; es nimmt begierig Wasser auf und wird damit wieder blau. Die Lösung, die einen widerlich metallischen Geschmack hat und gesundheitsschädlich ist, reagiert schwach sauer. Reines Kupfersulfat dient selbst als Beize oder in Verbindung mit Chromsalzen als Zusatz für chemische Beizen (Nachbeizen). Beim Räuchern erzeugt es grünliche Töne.

Aufbewahrung: Glas- oder Kunststoffgefäß

Behälterkennzeichnung: Inhaltsangabe, Gefahrensymbol „gesundheitsschädlich" R 22; S 24

Beseitigung: 2

Kupferchlorid CuCl$_2$ · 2 H$_2$O

Kristallisiert in grünen Prismen, die sich leicht in Wasser und in Alkohol lösen. Kupferchlorid-Lösungen zeigen eine auffallende Verschiedenheit von Farbe. Verdünnte, wäßrige Lösungen sind hellblau, konzentrierte, salzsaure Lösungen grünbraun, mittelstarke Lösungen grün. Beim Räuchern erzeugt es grünliche Töne. Zuweilen auftretende Trübungen beeinträchtigen die Beiztöne nicht, dagegen erzeugt das im rohen Kupferchlorid enthaltene Eisen auf Eiche schwarzblaue Punkte oder Flecken.

Aufbewahrung: Glas- oder Kunststoffgefäß

Behälterkennzeichnung: Inhaltsangabe, Gefahrensymbol „giftig" R 24/25; S 20–37–44.

Beseitigung: 2

Eisenacetat Fe (CH$_3$COO)$_2$ · 4H$_2$O

kristallisiert grünlich und ist in Wasser leicht löslich. Es dient zur Bereitung von Grau-Braun-, Blau- und Schwarzbeizen. Die damit erzielten Töne sind jedoch nur dann rein, wenn eine reine, farblose oder höchstens leicht grünliche Lösung verwendet wird.

Aufbewahrung: Glas- oder Kunststoffgefäß
Behälterkennzeichnung: Inhaltsangabe
Beseitigung: 7

Chromate und Dichromate

sind die Salze der Chromsäure H_2CrO_4 und der nicht beständigen Dichromsäure $H_2Cr_2O_7$. Die meist in schönen gelben bis roten Tafeln kristallisierenden Verbindungen sind starke Oxidationsmittel, die mit Reduktionsmitteln und vielen organischen Stoffen reagieren. Bei Berührung mit brennbaren Stoffen sind sie feuergefährlich. Die gelb bis tieforange gefärbten wäßrigen Lösungen wirken ebenfalls oxidierend. Sie färben Hölzer durch Reaktion mit deren Gerbstoffen.
Chromate und Dichromate sind wie die meisten Chromverbindungen haut- und schleimhautreizend und beim Verschlucken gesundheitsschädlich. Sie wirken als Organgifte und Krebserreger. Unverletzte Haut wird von Chromatstaub (Schleifstaub) wenig angegriffen; aber an Stellen von Verletzungen bilden sich ausbreitende Löcher und schlecht heilende Geschwüre. Beim Eindringen in die Nase erregen sie Entzündungen der Atemwege, ja sogar eine eigentümliche Zerstörung der Nasenscheidewand und der tieferliegenden Gewebe. Bei Hautkontakt sofort gründlich mit Wasser und Seife oder Natriumbisulfitlösung waschen! Selbst kleinste Wurden sorgfältig reinigen und mit Hautsalbe abdecken! Beim Verschlucken auch kleiner Mengen reichlich Wasser und Milch trinken und erbrechen lassen!
Aufbewahrung: Glas- oder Kunststoffgefäß
Behälterkennzeichnung: Inhaltsangabe, Gefahrensymbol „gesundheitsschädlich" (Xi); „brandfördernd" (nicht nach AV)
R 36/37/38–43. S 22–28
Beseitigung: 10

Kaliumchromat K_2CrO_4

Die zitronengelben Kristalle des Kaliumchromats lösen sich in Wasser gelblich. Mit Brenzkatechin als Vorbeize ergibt es blaugraue Töne.

Kaliumdichromat $K_2Cr_2O_7$

kristallisiert in großen, orangefarbenen, dicken Tafeln. Die wäßrige Lösung ist von derselben Farbe. Kaliumdichromat wird zum Beizen fast aller Hölzer verwendet. Stärkere als 5%ige Lösungen machen Mattierungen und Polituren im Lauf der Zeit spröd und rissig. Auf gerbstoffarmen Hölzern verwandelt sich der durch Kalumdichromat erzeugte gelbe Ton allmählich in mißfarbenes Braun.

Natriumdichromat $Na_2Cr_2O_7$

wird häufig anstelle des Kalumdichromats gebraucht; es ist jedoch weniger wirksam und daher konzentrierter anzusetzen.

3.5 Bleichmittel

Wasserstoffperoxid H_2O_2

ist eine farblose, leicht stechend riechende Flüssigkeit von fauligem Geschmack. Mit Wasser verdünnt kommt es meist als etwa 30%ige Lösung in den Handel (Handelsnamen: Perdrogen, Perhydrol u. a.). Wasserstoffperoxid zerfällt leicht in Wasser und Sauerstoff und ist daher ein starkes Oxidationsmittel. Der Zerfall wird beschleunigt durch Licht, Wärme, Laugen, Metalle, Materialien mit rauher Oberfläche u. a.; er wird gehemmt durch Zusätze von „Stabilisatoren" wie Phosphorsäure oder organische Säuren (z. B.: Harn- und Barbitursäure).

Mit vielen organischen Verbindungen kann sich Wasserstoffperoxid entzünden. Es reizt Augen und Atemwege und verursacht in Lösungen mit mehr als 5% H_2O_2-Gehalt auf Haut und Schleimhäuten weißliche, juckende oder schmerzende Veränderungen. Diese sind keine Verätzungen und verschwinden bald wieder ohne zurückbleibende Schäden. Lösungen mit mehr als 35% Wasserstoffperoxid dagegen wirken stark ätzend. Verätzte Stellen gut mit Wasser spülen!

Aufbewahrung: Kühl und lichtgeschützt in Glas- oder Polyäthylenflaschen; größere Gebinde mit Spezialverschluß (Sauerstoff-Überdruck!).

Behälterkennzeichnung: Inhalts- und Konzentrationsangabe, Gefahrensymbol „ätzend".

R 34; S 28–39. MAK 1,4 mg $H_2O_2/m^3 \triangleq 1$ ppm

Beseitigung: 7

Kaliumhydrogenoxalat (Kleesalz) HOOC–COOK · ½ H_2O

kommt im Sauerklee, Sauerampfer und in anderen Pflanzen vor. Es bildet weiße, gut wasserlösliche Kristalle und eignet sich besonders zum Bleichen von Eiche. Mit Eisensalzen bildet es wie die Oxalsäure selbst lösliche Salze und dient deswegen zur Entfernung von Tinten- und Rostflecken (Seite 54).

Gefahrenhinweise, Aufbewahrung und Kennzeichnung wie bei Oxalsäure.

Beseitigung: 7

Natriumbisulfit $NaHSO_3$

ist als 37 ... 40%ige Lösung und als Salz im Handel. Es dient hauptsächlich zum Bleichen von Kirschbaum- und Nußbaumholz (Seite 60).

Aufbewahrung: Glas- oder Kunststoffbehälter

Beseitigung: 2

Weitere Bleichmittel sind:

Salzsäure (Seite 27)

Zitronensäure (Seite 29)

Cyanex

ist ein Handelsprodukt von hoher Wirksamkeit auch gegen Bläuebefall. Es besteht aus 3 nacheinander anzuwendenden Substanzen. Das Verfahren ist kostspielig und zeitaufwendig, aber von hoher Erfolgsaussicht.

3.6 Gerbstoffe

Tannin, Gerbsäure,

ein wichtiger Gerbstoff, ist eine komplizierte Verbindung von Gallussäure mit Traubenzucker und als weißes oder schwach gelbliches Pulver im Handel. In warmem Wasser ist es leicht, in kaltem schwer löslich. Gelöst erzeugt es mit Eisensalzen, z. B. Eisenchlorid (als Nachbeize) eine schwarzblaue Färbung und dient deswegen als Vorbeize. Weil wäßrige Lösungen des Tannins sich zersetzen, kann man es nicht auf Vorrat ansetzen.
Aufbewahrung: Glas- oder Kunststoffgefäß
Behälterkennzeichnung: Inhaltsangabe
Beseitigung: 6 bzw. 7

Pyrogallol, $C_6H_3(OH)_3$,

vom Benzol abgeleitet und zu den Phenolen gehörend, bildet weiße, glänzende, wasserlösliche Kristallnadeln. An der Luft färbt sich die Lösung braun. Durch Alkalilauge ergibt es eine braune, durch verdünnte Kalkmilch eine violette und durch Eisenchlorid eine blaugraue Färbung. Pyrogallol ist eine wichtige Vorbeize für echte Beiztöne. Vorratslösungen verderben.
Aufbewahrung: Dunkles Glas- oder Kunststoffgefäß
Behälterkennzeichnung: Inhaltsangabe, Gefahrensymbol „gesundheitsschädlich"
R 20/21/22
Beseitigung: 6 bzw. 7

Brenzkatechin 1,2−$C_6H_4(OH)_2$

ist wie Pyrogallol ein Phenol. Die farblosen, an der Luft sich leicht bräunenden nadelförmigen Kristalle lösen sich leicht in Wasser. Mit Lauge bildet es einen schwarzblauen Farbstoff, mit Eisenchlorid wird es dunkelgrün. Als Vorbeize findet es häufig Verwendung. Vorratslösungen verderben.
Aufbewahrung: dunkles Glas- oder Kunststoffgefäß
Behälterkennzeichnung: Inhaltsangabe, Gefahrensymbol „gesundheitsschädlich"
R 20/21/22−36/38; S 26−28 b

Paramin (para-Phenylen-diamin) $C_6H_4(NH_2)_2$,

eine rotschwarze, bröckelige, leicht pulverisierbare Masse, stellt eine wichtige Vorbeize dar. Wegen seiner starken Neigung zur Verflüchtigung muß auf Paramin nachgebeizt werden, solange es noch feucht ist. Schon die mit Paramin vorgebeizte Fläche wird orangerot. Es liefert, allein verwendet, hell- bis dunkelbraune und in konzentrierter Form schwärzliche Töne. Mit Tannin, Pyrogallol oder Brenzkatechin lassen sich durch Paraminzusatz warme rotbraune Beizungen erzielen.

Aufbewahrung: Dunkles Glas- oder Kunststoffgefäß

Behälterkennzeichnung: Inhaltsangabe, Gefahrensymbol „giftig"

R 23/24/25–43; S 28–44

Beseitigung: 3

Gallussäure $(OH)_3C_6H_2 COOH$

ist ein Bestandteil von Gerbstoffen in Galläpfeln. Das Pulver ist in kochendem Wasser leicht löslich, die Lösung reagiert schwach sauer. An der Luft färbt sie sich durch Oxidation braun; mit Eisenchlorid gibt sie eine blauschwarze Färbung (Eisengallustinte).

Aufbewahrung: Glas- oder Kunststoffgefäß

Behälterkennzeichnung: Inhaltsangabe

3.7 Organische Lösemittel

Während für anorganische Verbindungen (z. B. Salze) allgemeines Lösemittel das Wasser ist, dienen zum Lösen der uns interessierenden organischen Verbindungen (z. B. Lacke, Kunstharze) organischen Lösemittel, im alten Sprachgebrauch Lösungsmittel. Diese werden deshalb bei der Oberflächenbehandlung in großer Menge verarbeitet, was genaue Kenntnis ihrer Eigenschaften und Beachtung der einschlägigen Arbeits- und Unfallverhütungsvorschriften erfordert (siehe Abschnitt 12).

Mit Ausnahme der chlorreichen Kohlenwasserstoffe sind alle organischen Lösemittel brennbar. Ihre Dämpfe, die schwerer sind als Luft, bilden mit Luft explosive Gemische. Bei starker Bewegung, z. B. beim Umfüllen größerer Mengen, kann durch elektrostatische Aufladung Selbstentzündung eintreten. Organische Lösemittel sind meist untereinander, aber nicht mit Wasser mischbar. Niedere Alkohole und Ketone (mit wenigen Kohlenstoffatomen im Molekül) bilden davon eine Ausnahme. Hautkontakt mit Lösemitteln und Einatmen der Dämpfe ist gesundheitsschädlich und soll durch entsprechende Vorsichtsmaßnahmen vermieden werden (Handschuhe, gut belüftete Räume, abgesaugte Kabinen usw.). Lösemittel dürfen auch in kleinen Mengen nicht ins Abwasser gelangen (hohe Strafen!). Abfälle sind zu sammeln und an geeignete Firmen zur Aufarbeitung zu schicken.

3.7.1 Kohlenwasserstoffe

Dieser Sammelbegriff bezeichnet Verbindungen, deren Moleküle aus offenen oder ringförmig geschlossenen Kohlenstoffketten bestehen, wobei an jedem Kohlenstoffatom noch Wasserstoffatome hängen (vgl. Seite 22). Wenn Chloratome anstelle von Wasserstoff am Kohlenstoff sitzen, spricht man von chlorierten Kohlenwasserstoffen. Kohlenwasserstoffe sind leichter als Wasser und nicht mit diesem mischbar.

Testbenzin (Terpentinersatz, Sangajol, Kerosin, Petroleum)

Testbenzin ist ein Gemisch aus höhersiedenden Kohlenwasserstoffen, das unter verschiedenen Handelsnamen (z. B. Bepetan, Essovarsol 145/200, Kristallöl 30) vertrieben wird. Es löst Fette, Öle, Harze usw. und dient zum Reinigen von Geräten sowie als Schleifflüssigkeit.
Reizwirkung und Entzündlichkeit sind mäßig stark.
Flammpunkt 21 ... 55° C, Siedebereich meist 130 ... 280° C
Behälterkennzeichnung: Inhaltsangabe, Gefahrensymbol „feuergefährlich", „gesundheitsschädlich" (Xi) (beide nicht nach AV)
R 11; S 9–16–29–33
Beseitigung: 6

Toluol $C_6H_5CH_3$ und Xylol $C_6H_4(CH_3)_2$,

Abkömmlinge des Benzols, sind wie dieses helle, stark lichtbrechende Flüssigkeiten, leichter als Wasser und brennen wie Benzol stark rußend. Toluol und Xylol finden sich in vielen Lösemittelgemischen und Verdünnungen. Beide Stoffe reizen Schleimhäute und haben narkotische Wirkung.
Toluol: Flammpunkt: 6° C, Siedepunkt 111° C
Behälterkennzeichnung: Inhaltsangabe, Gefahrensymbol „leicht entzündlich", „gesundheitsschädlich"
R 11–20; S 16–29–33. MAK 750 mg/m^3 ≙ 200 ppm
Beseitigung: 6
Xylol: Flammpunkt 21–30° C, Siedebereich 135 ... 145° C
Behälterkennzeichnung: Inhaltsangabe, Gefahrensymbol „gesundheitsschädlich",
Vermerk „entzündlich"
R 10–20; S. 24/25. MAK 440 mg/m^3
Beseitigung: 6

Terpentinöl (Terpentin, Kienöl),

enthält hauptsächlich α-Pinen $C_{10}H_{16}$, eine farblose, brennbare Flüssigkeit mit harzigem Geruch. Es wird aus dem Harz verschiedener Nadelhölzer durch Destillation gewonnen. Mit dem Vordringen der Kunstharzlacke ist seine Verwendung (z. B. Verdünnung für Natur- und Öllacke, Reinigung), stark zurückgegangen.

Terpentin reizt die Schleimhäute und kann Organschäden verursachen.

Flammpunkt 33° C, Siedepunkt 136° C

Behälterkennzeichnung: Inhaltsangabe, Gefahrensymbol „gesundheitsschädlich", Vermerk „entzündlich" (nicht nach AV)

R 10–20/21/22; S 6. MAK 550 mg/m^3 $\triangleq$ 100 ppm

Beseitigung: 6

3.7.2 Chlorierte Kohlenwasserstoffe

Methylenchlorid (Dichlormethan) CH_2Cl_2

ist ein chlorierter Kohlenwasserstoff mit sehr niedrigem Siedepunkt und verdunstet daher bei Zimmertemperatur rasch. Es löst sehr viele Stoffe und hat die Eigenschaft, alte Lacküberzüge zum Quellen zu bringen. Darum ist es Bestandteil vieler Abbeizen.

Methylenchlorid ist an Luft praktisch nicht entflammbar, zersetzt sich aber an offener Flamme oder an heißen Flächen (über 120° C) unter Bildung stark reizender Stoffe. Es wirkt narkotisch und schädigt Haut, Atemwege und Organe.

Flammpunkt: –, Siedepunkt: 40° C

Behälterkennzeichnung: Inhaltsangabe, Gefahrensymbol „gesundheitsschädlich" (Xn)

R 20; S 24. MAK 330 mg/m^3

Beseitigung: 5

Tetrachlorkohlenstoff („Tetra") CCl_4

ist eine sehr flüchtige, farblose Flüssigkeit von unangenehm süßlichem Geruch. Wegen seiner guten Löseeigenschaften und seiner Unbrennbarkeit wird er viel verwendet. Aufgrund seiner hohen Giftigkeit (Nerven, Herz, Leber, Niere usw.) soll sein Gebrauch jedoch möglichst vermieden werden.

Flammpunkt: –, Siedepunkt: 77° C

Behälterkennzeichnung: Inhaltsangabe, Gefahrensymbol „giftig"

R 26/27; S 2–38–45. MAK 65 mg/m^3

Beseitigung: 5

Trichloräthylen („Tri") C_2HCl_3

ist eine flüchtige, chloroformartig riechende Flüssigkeit. Es brennt nicht, bildet aber mit Sauerstoff explosive Gemische. Über 110° C zersetzt es sich. Mit zugesetzten Stabilisatoren kommt es unter verschiedenen Namen in den Handel. Im industriellen Bereich zählt es zu den am weitesten verbreiteten Löse- und Reinigungsmitteln. Seine Giftigkeit ist geringer als die von Tetra.

Flammpunkt: –, Siedepunkt 87° C
Behälterkennzeichnung: Inhaltsangabe, Gefahrensymbol „gesundheitsschädlich"
(Xn)
R 20/22; S 2–25. MAK 260 mg/m^3 ≙ 50 ppm
Beseitigung: 5

1.1.1-Trichloräthan $C_2H_3Cl_3$

hat ähnliche Eigenschaften wie Tri. Da es ebenfalls nicht entflammbar und weniger gesundheitsschädlich ist, wird es mehr und mehr anstelle von Tri eingesetzt. Über 177° C zersetzt es sich. Es kommt nur stabilisiert in den Handel unter mehreren Namen, z. B. Chlorothene, Genclene, Wacker 3 × 1.
Flammpunkt: –, Siedepunkt 74° C
Behälterkennzeichnung: Inhaltsangabe, Gefahrensymbol „gesundheitsschädlich"
(Xn)
R 20/22; S 2–25. MAK 1080 mg/m^3 ≙ 200 ppm
Beseitigung: 6

3.7.3 Alkohole

Chemisch gesehen sind Alkohole Kohlenwasserstoffe mit OH-Gruppen, die sich vom Wasser ableiten. Daher sind die bei der Oberflächenbehandlung verwendeten niederen Alkohole (vgl. Seite 36) mit Wasser mischbar. Öle, Fette, Harze usw. lösen sie deutlich schlechter als Kohlenwasserstoffe. Die für den technischen Einsatz bestimmten Alkohole werden heute synthetisch im größten Maßstab hergestellt. Die ursprüngliche Gewinnung aus Naturstoffen, z. B. durch trockene Destillation von Holz, Gärung o.a., hat heute keine Bedeutung mehr. Alkoholdämpfe sind schwerer als Luft und bilden wie Kohlenwasserstoffe mit ihr expolsionsfähige Gemische.

Methanol (Methylalkohol) CH_3OH

ist eine farblose, flüchtige, mit Wasser mischbare, leicht entzündliche Flüssigkeit. Beim Einatmen oder Verschlucken oder bei längerer Hautberührung wirkt es narkotisierend und bewirkt Sehstörungen, Nerven- und Leberschäden.
In der Schreinerei dient Methanol als Lösemittel für Schellackharze und Nitrozellulose; wegen seiner Giftigkeit soll seine Verwendung auf die unbedingt notwendigen Fälle beschränkt bleiben.
Flammpunkt: 11° C, Siedepunkt 65° C
Behälterkennzeichnung: Inhaltsangabe, Gefahrensymbol „leicht entzündlich", „giftig"
R 11–23/25; S 2–7–16–24. MAK 260 mg/m^3
Beseitigung: 5

Äthanol (Äthylalkohol, Alkohol, Spiritus, Weingeist) C_2H_5OH,

eine farblose, leicht entzündliche, mit Wasser mischbare Flüssigkeit, hat angenehmen Geruch und brennenden Geschmack. Bekannt ist die Rausch- und narkotisierende Wirkung des Alkohols; bei übermäßigem Genuß treten Leber-, Magen- und Darmerkrankungen sowie Atemlähmung auf.

Handelsüblicher niederprozentiger Alkohol enthält etwa 30% Wasser. Von hochprozentigem Alkohol (96%) kann das Restwasser nur durch wasserentziehende Mittel entfernt werden („absoluter Alkohol").

Zum Genuß bestimmter Alkohol ist mit einer hohen Genußmittelsteuer belegt, während der gewerbliche Spiritus davon befreit ist. Für Schreinerarbeiten verwendet man zollfreien Spiritus, der mit Petroläther, Aceton, Toluol oder Pyridin vergällt und dadurch ungenießbar ist. Der Prozentgehalt des Spiritus kann mit Hilfe des Alkoholmeters festgestellt werden.

In der Oberflächenbehandlung dient Äthanol hauptsächlich als Lösemittel für Schellack- und Benzoeharze, sowie Kolophonium und Nitrozellulose.

Flammpunkt 12° C, Siedepunkt 78° C

Behälterkennzeichnung: Inhaltsangabe, Gefahrensymbol „leicht entzündlich"; „gesundheitsschädlich" (Xn) (nicht nach AV)

R 11; S 7–16. MAK 1900 mg/m^3

Beseitigung: 5

3.7.4 Äther

Aus der Gruppe der Äther ist nur der Äthyläther (Diäthyläther) $C_2H_5-O-C_2H_5$ in der Oberflächenbehandlung von Bedeutung.

Man gewinnt ihn durch Destillation von Äthylalkohol mit konzentrierter Schwefelsäure (daher die fälschliche Bezeichnung „Schwefeläther"). Er ist eine wasserhelle, mit Wasser wenig mischbare, sehr flüchtige Flüssigkeit. Die schweren Dämpfe bilden mit Luft ein explosionsfähiges Gemisch. Licht und Luft begünstigen die Bildung explosiver Peroxide im Vorratsgefäß. Die Dämpfe sind sehr leicht elektrostatisch aufladbar (Selbstentzündung!). Äther wirkt in erster Linie narkotisch. Hohe Dampfkonzentration und die Flüssigkeit reizen Haut und Schleimhäute und wirken hautentfettend.

Äther dient häufig als Zusatz zu sogenannten Schnellpolituren, ferner zum Abpolieren des Öls und zum Lösen von Fetten und Harzen. Wegen seiner Feuergefährlichkeit soll Äther nur in unumgänglichen Fällen unter entsprechender Vorsicht verarbeitet werden.

Flammpunkt –40° C (!), Siedepunkt 35° C (!)

Behälterkennzeichnung: Inhaltsangabe, Gefahrensymbol „hochentzündlich"

R 12–19; S 9–16–29–33. MAK 1200 mg/m^3

Beseitigung: 5

3.7.5 Ester

Ester entstehen durch Reaktion von Säuren mit Alkoholen. Es sind meist fruchtartig angenehm riechende, mit Wasser kaum mischbare farblose Flüssigkeiten. Ihre Dämpfe sind schwerer als Luft und bilden mit dieser explosionsfähige Gemische. Mit Oxidationsmitteln können sie heftig reagieren.

Ester wirken narkotisch, reizen Augen und Schleimhäute und können Organschäden hervorrufen. In der Schreinerei sind sie zum Lösen von Ölen, Fetten, Lackfarben, Nitrozellulose usw. verbreitet.

Äthylacetat (Essigester) $CH_3COO\text{-}C_2H_5$

bildet sich aus Essigsäure und Äthylalkohol und ist Bestandteil verschiedener Lösemittelgemische.

Flammpunkt: $-4°$ C, Siedepunkt $77°$ C

Behälterkennzeichnung: Inhaltsangabe, Gefahrensymbol „leicht entzündlich"; „gesundheitsschädlich" (Xi) (nicht nach AV)

R 11; S 16–23–29–33. MAK 1400 mg/m^3 $\triangleq$ 400 ppm

Beseitigung: 6

Butylacetat (Essigsäurebutylester) $CH_3COO\text{-}C_4H_9$

ist das Reaktionsprodukt aus Essigsäure und Butylalkohol

Flammpunkt: $22°$ C, Siedepunkt $126°$ C

Behälterkennzeichnung: Inhaltsangabe, Vermerk „entzündlich"; Gefahrensymbol „gesundheitsschädlich" (Xn) (nicht nach AV)

R 10. MAK 950 mg/m^3 $\triangleq$ 200 ppm

Beseitigung: 6

Amylacetat (Essigsäureamylester) $CH_3COO\text{-}C_5H_{11}$

entsteht aus Essigsäure und Amylalkohol. Das technische Produkt ist ein Gemisch von verschiedenen Isomeren.[1]

Flammpunkt: $25 \ldots 37°$ C, Siedepunkt $142 \ldots 149°$ C

Behälterkennzeichnung: Inhaltsangabe, Vermerk „entzündlich"; Gefahrensymbol „gesundheitsschädlich" (Xi) (nicht nach AV)

R 10; S. 23. MAK 525 mg/m^3 $\triangleq$ 100 ppm

Beseitigung: 6

---

1) Isomere sind Stoffe, die die gleiche Summenformel, aber eine unterschiedliche räumliche Struktur besitzen.

3.7.6 Ketone

Ketone entstehen durch Oxidation bestimmter Alkohole unter Wasserabspaltung. Es sind meist süßlich riechende, farblose Flüssigkeiten, deren Dämpfe schwerer als Luft sind und mit dieser explosive, elektrostatisch aufladbare Gemische bilden. Ketone haben sich als sehr gute Lösemittel für Öle, Fette, Wachse, Lackfarben, Nitrozellulose, Kunststoffe usw. erwiesen. Sie eignen sich zum Entfernen von PVAC-Leimdurchschlägen. In der Schreinerei wird hauptsächlich Aceton verwendet.

Aceton $CH_3-CO-CH_3$

ist eine mit Wasser mischbare, sehr flüchtige, leicht entzündliche Flüssigkeit. Es wirkt berauschend und verursacht Schäden der Augenhornhaut und der inneren Organe.

Flammpunkt: $-19°$ C, Siedepunkt $56°$ C
Behälterkennzeichnung: Inhaltsangabe, Gefahrensymbol „leicht entzündlich"; „gesundheitsschädlich" (Xi) (nicht nach AV)
R 11; S 9–16–23–33. MAK 2400 mg/m^3 $\triangleq$ 1000 ppm
Beseitigung: 6

Cyclohexanon $(CH_2)_5CO$

ist eine wenig wasserlösliche, pfefferminzartig riechende Flüssigkeit mit ähnlichen Eigenschaften wie Aceton. Für eine Vielzahl von Kunststoffen, Klebern, Lacken usw. bewährt es sich als ausgezeichnetes Lösemittel und vermag auch alte eingetrocknete bzw. ausgehärtete Schichten zu lösen oder zu quellen. Daher eignet es sich sehr zum Reinigen von Geräten.

Flammpunkt: $43°$ C, Siedepunkt $156°$ C
Behälterkennzeichnung: Inhaltsangabe, Gefahrensymbol „gesundheitsschädlich"(Xi), Vermerk „entzündlich".
R 10–20; S 25. MAK 200 mg/m^3 $\triangleq$ 50 ppm
Beseitigung: 6

3.7.7 Nitroverdünnungen

sind Gemische aus verschiedenen Lösemitteln, z. B. bis 45% Toluol, Äthylacetat etc. Wie ihre Bestandteile sind sie gesundheitsschädlich und bilden mit Luft explosive Gemische.
Behälterkennzeichnung: Inhaltsangabe, Gefahrensymbole „leicht entzündlich"; „gesundheitsschädlich" (Xn) (nicht AV).
Beseitigung: 6

3.8 Wasser

Fast jedes Fluß- und Quellwasser enthält stets Kalziumbikarbonat und Kalziumsulfat (je nach Gegend auch Magnesiumsalze). Diese Salze, die das Wasser auf seinem Weg aus dem Gestein herauslöst, verleihen ihm seinen frischen Geschmack.

Ein an Salzen reiches Wasser nennt man „hartes" Wasser, ein salzarmes Wasser „weiches" Wasser. Gemessen wird die Härte in „Härtegraden" worunter man die Anzahl Milligramm Kalziumoxid CaO je 100 cm³ Wasser versteht. Beim Kochen vor hartem Wasser fällt das Kalziumbikarbonat als Kalziumkarbonat aus, wodurch ein Teil der Härte – die vorübergehende oder „temporäre" Härte – verschwindet. Die zurückbleibende, von Kalziumsulfat $CaSO_4$ herrührende Härte heißt bleibende oder „permanente" Härte. Sehr weiches Wasser (wenige Härtegrade) kommt in Gegenden mit vorherrschendem Silikatgestein (SiO_2) vor, hartes Wasser (30 ... 40 Härtegrade) in Kalklandschaften.

Hartes Wasser ist für viele technische Prozesse wegen seiner störenden Salze ungeeignet. Reines Wasser wurde früher durch Destillation (Seite 23) gewonnen, wobei die gelösten Salze im Destillationsgefäß zurückbleiben (Kesselstein). Bei dem großen Verbrauch der Industrie an salzfreiem Wasser wäre der Energieaufwand für den Destillationsprozeß zu hoch. In einem einfachen, großtechnisch angewandten Verfahren gewinnt man heute reines Wasser dadurch, daß man die Salze durch Bindung an sogenannte Austauscher aus dem Wasser entfernt. Auf diese Weise gewonnenes, hochreines Wasser ist als „deionisiertes"[1]) Wasser überall billig erhältlich (z. B. Tankstellen). Nach altem Sprachgebrauch wird es vielfach noch als „destilliertes" Wasser bezeichnet. Regenwasser, das ebenfalls den Destillationsprozeß durchgemacht hat, ist an sich ebenfalls salzfrei, aber durch Schadstoffe aus der Atmosphäre meist so verunreinigt, daß es zum Ansetzen von Lösungen usw. unbrauchbar ist.

---

1) de-ionisiert (lat.) heißt soviel wie: die Ionen sind entfernt.

4. Holzauswahl, Konstruktionen; Leim und Kleber

Die Oberflächenbehandlung eines Werkstückes setzt mit dem Putzen und Schleifen ein. Es wäre aber verfehlt, erst bei diesen Arbeitsvorgängen das Augenmerk auf die Oberfläche zu richten. Schon beim Zuschneiden ist gesundes, rißfreies Holz auszuwählen. Sein Feuchtigkeitsgehalt soll 8 bis 12% betragen; ein höherer Feuchtigkeitsgehalt verursacht später Unebenheiten in der Holzoberfläche.

Auch trockenes Holz verändert sich unter dem Einfluß der wechselnden Luftfeuchtigkeit. Das wirkt sich in der Oberfläche in Form von Wellen, Falten, Rissen und Verschiebungen von Furnieren aus. Damit solche Veränderungen das Arbeitsstück nicht entwerten, hat der Schreiner eine Konstruktion zu wählen, die den Eigenschaften des Holzes, der Art des Werkstücks und der beabsichtigten Oberflächenbehandlung angepaßt sind. Zur Anwendung kommen Brett-, Rahmen- oder Sperrholzkonstruktionen.

Zu Holzauswahl für Lackierungen siehe auch Seite 119.

4.1 Brettkonstruktionen

Eine dauerhafte Brettkonstruktion ist durch Verbindung mit Grat, Zinken und Fingerzapfen gegeben. Bei Brettkonstruktionen mit Rahmen oder Gratleisten steht Langholz zu Querholz. Damit sich die vollen Holzteile bewegen können, müssen entsprechend dem Schwundverhältnis der massiven Teile die Rahmen schmäler und die Gratleisten kürzer gehalten werden; bei durchgehender Leimung entstehen Schwundrisse. Gratleisten werden nur an der vorderen Kante angeleimt, damit die sichtbaren Verbindungsfugen nach dem Verputzen unverändert bleiben.

4.2 Rahmenkonstruktion

Die gleiche Überlegung gilt für die Rahmenkonstruktion mit Füllung. Beim Zusammenleimen von genuteten Rahmen werden die Füllungen nicht mitgeleimt, sondern lose im Falz durch Leisten befestigt. Damit ist bei Möbeln, Täfelungen, Decken usw. ein einwandfreies Beizen, Mattieren, Beschichten usw. möglich.

4.3 Sperrholz

Bei Sperrholz wirkt die kreuzweise Verleimung dem Schwinden und Quellen des Holzes entgegen. Die Qualität des Sperrholzes ist mitbestimmend für die Güte der späteren Oberfläche. Sperrplatten, in denen die Mittellage oder das Blindholz stehende Jahresringe zeigt, werden nicht wellig. Als Sperrfurnier eignet sich Gabun am besten. Flächen, die Maserfurnier oder Politur erhalten, werden zweckmäßig vorher blindfurniert.

4.4 Einfluß der Leime

Der Leimauftrag führt immer und besonders beim Furnieren dem Holz Feuchtigkeit zu. Tierische Leime bringen mehr Wasser ins Holz als synthetische. Die Trocknung dauert bei Verwendung tierischer Leime etwa 14 Tage, bei Verwendung synthetischer Leime zwei bis drei Tage. Je länger man das Holz auch über die angeführten Zeiten hinaus trocknen läßt, desto größer ist die Gewähr für die Erzielung einer einwandfreien Oberfläche.

Leime sind im Hinblick auf die Oberflächenbehandlung nicht unterschiedslos brauchbar. Säure- und laugenhaltige Leime rufen Flecken hervor; Knochenleim ist säurehaltig, Kaseinleim alkalisch. Im Zweifelsfall kann der Gehalt an Säure oder Lauge mit einem pH- oder Indikatorpapier (Seite 21, notfalls Lackmuspapier) kontrolliert werden. Von den natürlichen Leimen ist Hautleim am geeignetsten.

Bei den heute meist verwendeten synthetischen Leimen, wie Weißleim (Polyvinylacetat PVAC), Kauritleim, Prescoll usw. besteht bei vorschriftsmäßiger Verarbeitung die Gefahr der Oberflächenstörung durch Fleckenbildung nicht. Zum Entfernen von Leimflecken siehe Seite 52 ff.

4.5 Einfluß der Kleber

Da Kleber nur organische Lösemittel enthalten, bringen sie keine Feuchtigkeit in das Holz. Die Lösemittel verflüchtigen sich rasch, wodurch eine baldige Weiterbehandlung des Holzes möglich ist. Bei Verwendung von Klebern bleibt die Holzoberfläche fleckenfrei. Infolge unsachgemäßer Behandlung kann jedoch der Fall eintreten, daß Überzugspräparate die Furnierklebung teilweise lösen (Kürschnerbildung).

5. Zurichten der Holzoberfläche

Im vorausgehenden Kapitel wurden Vorbedingungen für eine gute Oberflächenbehandlung erörtert; nunmehr können wir uns den eigentlichen Vollendungsarbeiten zuwenden.

5.1 Abputzen und Schleifen

Abputzwerkzeuge und -mittel sind Putzhobel, Ziehklingenhobel, Ziehklinge, Schleifpapier, Schleifleinen und Schleifklotz.

5.1.1 Putzhobel, Ziehklingenhobel

Obwohl heute viele Putzarbeiten maschinell ausgeführt werden, ist der Putzhobel wichtiges Werkzeug zum Putzen von Vollholz und furnierten Flächen sowie für Einpaßarbeiten.

Die Schneidekante des Putzhobeleisens muß exakt gerade geschliffen und an den Ecken abgerundet (mit Abziehstein) sein, damit auf der Holzoberfläche sichtbare „Hobelstöße" möglichst vermieden werden; solche Hobelstöße treten beim Beizen und Polieren auffallend in Erscheinung. Ein gut zugerichteter Putzhobel ist infolge seiner schneidenden und glättenden Wirkung zur Gewinnung einer einwandfreien Fläche sehr geeignet.

Durch den Ziehklingenhobel werden die Unebenheiten nicht abgeschnitten, sondern abgeschabt. Ein besonderer Vorzug dieser Art von Hobeln ist ihre 70 bis 100 mm große Schnittbreite. Da das Eisen nach vorne geneigt ist und einen angestrichenen Grat besitzt, wird die Faser beim Arbeiten gegen das Holz noch weniger angerissen als durch den Putzhobel. Unsachgemäß geschärfte Ziehklingenhobeleisen haben jedoch den Nachteil, daß sie die weichen Jahresringe nicht abschneiden, sondern nur nach unten drücken. Beim nachfolgenden Beizen richten sich die Holzfasern wieder auf und machen die Fläche rauh.

Eine gute Schneide läßt sich dadurch gewinnen, daß man zunächst eine kurze Fase schwach hohl anfeilt, auf dem Abziehstein blank abzieht und mit dem Ziehklingenstahl an die Schneidekante einen Grat anstreicht. Wenn nunmehr durch die Stellschraube das hohlgefeilte Eisen in der Mitte soweit nach vorne gedrückt wird, bis Span- und Eisenbreite fast gleich sind, so läuft der Span an seinen Kanten hauchdünn aus und die Ansätze sind vermindert.

5.1.2 Ziehklinge

Die beim Gebrauch des Putz- und Schabhobels doch noch entstandenen Ansätze können im ziehenden Schnitt mit der Ziehklinge entfernt werden. Das sachgemäße Schärfen der Ziehklinge geschieht folgendermaßen:

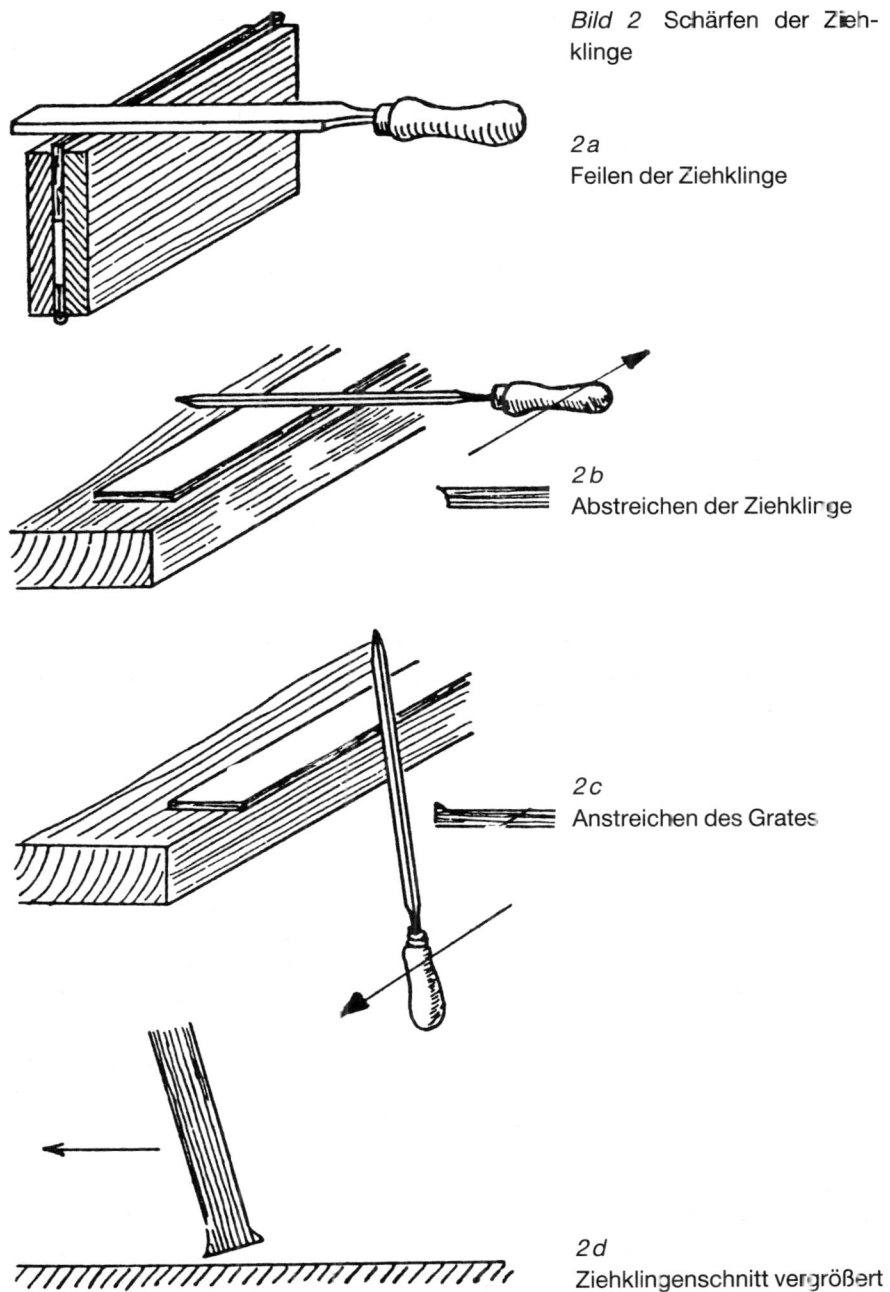

Bild 2 Schärfen der Ziehklinge

2a
Feilen der Ziehklinge

2b
Abstreichen der Ziehklinge

2c
Anstreichen des Grates

2d
Ziehklingenschnitt vergrößert

Man spannt eine oder mehrere Ziehklingen zusammen zwischen zwei scharfkantigen, rechtwinkligen Hartholzklötzchen ein. Mit einer feinen Flachfeile werden nun die Längskanten genau waagrecht gefeilt. Die gefeilten Kanten und die Flachseiten sind hierauf mit dem Abziehstein so lange abzuziehen, bis jeder Feilstrich bzw. Grat verschwunden ist. Jeder nicht entfernte Feilstrich würde sich später als Ziehklingenscharte auf der Holzfläche auswirken. Hierbei ist zu beachten, daß die Kanten scharf bleiben (Bild 2a).

Der letzte Arbeitsvorgang bei der Zurichtung der Ziehklinge ist das Anstreichen eines scharfen Grates. Zu diesem Zwecke legt man die Ziehklinge auf der Hobelbank flach auf. Der leicht gefettete Ziehklingenstahl wird nun fast flach auf der Ziehklinge liegend zwei- bis dreimal vom Körper weg über die Ziehklinge gezogen (Bild 2b). Durch diesen Abstrich ergibt sich ein feiner Grat, den man nach oben anstreicht, indem man den Ziehklingenstahl in fast senkrechter Haltung an den Schmalkanten zum Körper führt bzw. drückt (Bild 2c).

Zum Abziehen geschweifter Flächen benützt man Formziehklingen (z. B. Schwanenhalsziehklingen), die in derselben Weise wie gewöhnliche Handziehklingen geschärft werden. Da an solchen Ziehklingen beim Anstreichen des Grates der Ziehklingenstahl in der Rundung geführt werden muß, ist Übung notwendig.

Die Handziehklinge ist ziemlich steil und mit geringem Druck ziehend zu führen. (Bild 2d).

Wenn die Klinge ihre erste Schärfe verliert, d. h. der Grat stumpf geworden ist, muß dieser nachgezogen werden. Ist der Grat überzogen, d. h. seine Neigung zu groß, muß die Ziehklinge neu geschärft werden.

5.1.3 Schleifen

Die bisher behandelten Schneid- und Schabwerkzeuge hinterlassen selbst bei sorgfältigster Bearbeitung auf der Holzfläche immer noch kleine Unebenheiten. Beim anschließenden Schleifen werden durch Abtrag feiner Späne diese beseitigt; die Oberfläche erhält damit ein Höchstmaß an Ebenheit und Glätte. Hauptanforderung an das Schleifmittel ist, daß es sämtliche Teile der Fläche, also harte und weiche, gleichmäßig angreift. Deshalb muß es ein einheitliches Gefüge aufweisen. Ungleiche Körnung würde ebenso wie verfilzte Schleifmittel auf der Holzoberfläche Kratzer erzeugen.

Für das Schleifen von Holz und Lack werden Schleifpapier und Schleifgewebe benutzt. Auf dem Kornträger aus Papier oder Leinen (oder daraus hergestellten Verbundwerkstoffen) sind die Schleifkörner durch ein meist feuchtigkeits- und wärmebeständiges Bindemittel (Kunstharz, Spezialleim) verankert.

5.1.3.1 Schleifmittel

An die Qualität des Schleifkorns werden hohe Anforderungen gestellt. Es soll möglichst hart und verschleißarm, scharfkantig, wenig spröd und von möglichst einheitlicher Korngröße sein.

Die Härte eines Materials wird durch die „Härtegrade nach Mohs" angegeben; Diamant als der härteste bekannte Werkstoff hat den Härtegrad 10. Natürliche Schleifmittel zeigen in sich oft unterschiedliche Härte und dadurch ungleichmäßige Schleifwirkung. Zu ihnen zählen: Flint, Feuerstein (Ostseeküste, Härte 6,6 ... 7), Granat (Nordamerika, Härte 7,5 ... 8), Naturkorund (Aluminiumoxid, Härte 9), Schmirgel Naturdiamanten.

Flintpapier und gefärbtes Rotschleifpapier bzw. Rotschleifleinen haben in der Holzbearbeitung für Hand- und Maschienschliff große Verbreitung gefunden. Granat zeichnet sich durch gleichmäßige Struktur und große Kantenschärfe aus und wird vorzüglich zum Schleifen aller Harthölzer verwendet.

Künstliche Schleifmittel haben einheitliche Härte und werden wegen ihrer gleichmäßigen Arbeitsweise bevorzugt. Zu ihnen zählen Elektrokorund (Aluminiumoxid, Härte 9,4) Siliziumkarbid (Carborundum, Härte 9, 6) sowie künstliche Diamanten. Wegen ihrer großen Härte und der damit verbundenen langen Standzeit verdrängen sie natürliche Schleifmittel mehr und mehr. Siliziumkarbid ist wegen seiner Sprödigkeit für die Holzbearbeitung nur bedingt geeignet. Den besten Schliff liefert Elektrokorund. Glas als billiges künstliches Schleifkorn (Härte 4 ... 6) greift ungleichmäßig an; seine scharfen, spröden Kanten stumpfen schnell ab. Es kommt daher nur selten, z. B. für den Handschliff auf Holz und für das Schleifen von verhärteten Farbanstrichen in Betracht.

Eisen bildet in Verbindung mit Gerbsäure dunkle Verfärbungen und Flecken. Daher dürfen bei gerbstoffhaltigen Hölzern wie insbesondere Eiche, aber auch bei Nußbaum und Mahagoni, oder wenn später chemisch bebeizt werden soll, nur eisenfreie Schleifmittel verwendet werden. Die Prüfung auf einen möglichen Eisengehalt erfolgt bei hellem Schleifpapier durch Tränken mit einer gerbsäurehaltigen Beize (Pyrogallol, Brenzkatechin, Tannin). Eisenhaltiges Schleifpapier zeigt nach dieser Behandlung schwarze Flecken. Auf dunklem Schleifpapier ist bei der Tränkprobe die Fleckenbildung nur schwer zu erkennen; in diesem Falle muß eine Probeholzfläche geschliffen und mit Gerbsäure gebeizt werden.

Beim Ölen und Polieren benötigte Schleifmittel wie Bimsstein, Artifex-Schleifklotz, Sepiaschalen und Stahlwolle, werden später eingehend behandelt.

5.1.3.2 Korngröße (Körnung)

Das Korngemisch, das nach dem Zerkleinern größerer Materialbrocken anfällt, wird durch Rüttelsiebe in die einzelnen Korngrößen („Körnungen") getrennt. Die Korngröße ist dabei durch die Maschenweite des Siebs bestimmt. Die Körnungszahl gibt an, wieviele Maschendrähte je Zoll (25,4 mm) Sieblänge vorhanden sind. Z. B. bedeutet „Körnung 100", daß die Körner eine Größe haben, die bei 100 Maschen je Zoll Sieblänge (= 100 × 100 = 10 000 Maschen je Quadratzoll) noch durchfallen, auf dem nächstfeineren Sieb (120) aber liegen bleiben. Zum Trennen der Körnungen ab 240 läßt man das Korngemisch in Flüssigkeit absinken, wobei feine Körner langsamer fallen als große und sich dadurch eine schichtenweise Verteilung einstellt.

Entsprechend der nachfolgenden Tabelle kann man die Schleifmittel nach ihrer Körnung in grobe, mittlere, feine und sehr feine einteilen.

Körnung	Nummer der Körnung
grob	6, 8, 10, 12, 14, 16, 20, 24
mittel	30, 40, 50, 60
fein	70, 80, 90, 100, 120, 150, 180
sehr fein	220, 240, 280, 320, 400, 500, 600, 800

Grobe Schleifmittel werden nur für Sonderarbeiten eingesetzt.
Körnung 30 ... 60 eignet sich zum Entfernen von Leim- und Anstrichfilmen.
Schleifmittel mit Körnung 50 ... 90 dienen zum Vorschleifen gehobelter und furnierter Flächen; zum Feinschleifen von Furnieren wird Körnung 100 ... 180 verwendet.
Lack, Spachtelkitt und Kunststoff schleift man mit Schleifpapier Körnung 220 ... 400, noch feinere Körnungen sind Sonderschleifarbeiten vorbehalten.

5.1.3.3 Streuung

Bei „geschlossener Streuung" ist der Kornträger so dicht als möglich mit Schleifkorn besetzt; dies führt zu der höchstmöglichen Schleifleistung. Bei der „offenen Streuung" ist der Untergrund nur zu etwa 50% belegt. Zwischen den Körnern sind Zwischenräume, die klebrigen Schleifstaub aufnehmen und abtransportieren können. Mit solchem Schleifmaterial werden harzige Hölzer geschliffen, ohne daß es zu den störenden Schmieren kommt.

5.1.3.4 Hilfsmittel zum Schleifen

Dem Schleifklotz als Hilfsmittel beim Handschliff schenken viele Schreiner nicht die nötige Beachtung. Eine Holzfläche kann jedoch nur mit Hilfe eines zweckdienlich gewählten und zugerichteten Schleifklotzes durchwegs eben werden.
Am besten eignet sich für den Schleifklotz Pappel- oder Lindenholz. Vielfach ist die Meinung verbreitet, daß sich für Handschliff nur Hartholzklötze eignen. Dies ist nur

bedingt richtig. Zwar glättet der Hartholzklotz gut; aber unter ihm wird das Korn des Schleifpapiers stellenweise zu stark eingedrückt, was eine Kratzwirkung zur Folge hat. Bei weicheren Schleifklötzen dagegen ist die Möglichkeit eines Druckausgleichs gegeben. Schleifkorken und Filzklötze haben daher den Nachteil, daß sie sich bei zu starkem Druck den Unebenheiten der zu bearbeitenden Holzfläche anpassen und sie verstärken. Die Größe des Schleifklotzes richtet sich nach der Größe der zu schleifenden Fläche. Für Profile sind Klötze mit dem Gegenprofil anzufertigen.

5.1.4 Die Technik des Putzens und Schleifens

Die Arbeitsvorgänge des Abputzens sind: Vorputzen, Putzen oder Abziehen, Wässern und Schleifen. Von Hand oder maschinengehobeltes Holz muß man vor dem Putzen wässern, damit alle Stoß- und Druckstellen (Druckwalzen) hochgezogen werden. Sonst stehen trotz Putzens und Schleifens beim Beizen, Mattieren oder Polieren die eingedrückten Fasern wieder auf, wodurch häßliche, oft nur schwer oder nicht mehr entfernbare Schadenstellen entstehen. Über größere Löcher oder Rillen legt man zweckmäßig feuchte Lappen; ein auf den Lappen aufgedrücktes heißes Eisen zieht dann die eingedrückten Holzfasern wieder auf. Bei härteren Hölzern hat in die Vertiefung geträufelter und angezündeter Spiritus dieselbe Dämpfwirkung.

Furnierte Flächen putzt man zweckmäßig mit dem Ziehklingenhobel vor und entfernt dabei Fugenpapier und Leimreste sowie Fettstellen, die durch Zinkzulagen verursacht wurden. Danach wird mit dem fein eingestellten und scharfen Putzhobel Strich neben Strich in langen Zügen durchgestoßen, damit keine Ansätze entstehen.

Nach Möglichkeit soll Putzen gegen den Faserverlauf des Holzes vermieden werden, damit die Poren nicht aufrauhen. Aufgerauhte Poren zeigen beim Beizen eine dunklere Tönung. Was im Normalfall als Nachteil in Erscheinung tritt, läßt sich bei „geschlagenen" Furnieren vorteilhaft auswerten. Diese haben zwei ungleiche Seiten, eine rechte und eine linke Seite mit gegensätzlichem Holzfaserverlauf. Dadurch entsteht eine Spiegelung, das sogenannte „Schielen" des Holzes. Wo diese Spiegelung als abträglich empfunden wird, kann man sie einigermaßen dadurch abschwächen, daß man auf der hell erscheinenden Seite gegen die Holzfaser putzt.

An Gehrungen und bei stumpf zusammenstoßenden Längs- und Querfriesen besteht an den Fugen die Gefahr, daß der Putzhobel Querfasern aufreißt. Aufgerissene Holzfasern aber saugen die Beize stärker ein und werden dunkler. Damit dies vermieden wird, überputzt man Gehrungs- und Stoßfugen schräg zur Holzfaser.

So weitreichend die Verwendbarkeit des Putzhobels ist, so hat sie doch ihre Grenzen dort, wo ein regelloser Faserverlauf gegeben ist, z. B. bei Maserfurnieren. Maserfurniere ebnet man mit dem feingegrillten und fein eingestellten Zahnhobel; dann putzt man sie mit dem Ziehklingenhobel und der Ziehklinge, bzw. nur mit der Ziehklinge.

Bei weicheren Hölzern können kleine Unebenheiten, die der Putzhobel nicht beseitigt, nur durch Schleifen entfernt werden. Hierbei ist jedoch mit Vorsicht zu verfahren; denn durch stumpfe Schleifmittel und durch übermäßiges Schleifen, besonders unter starkem Druck, werden die weichen Jahresringe in höherem Maße angegriffen. Dadurch erreicht man gerade das Gegenteil von dem, was beabsichtigt ist: die Fläche wird nicht eben, sondern wellig. Der Schleifdruck soll also zur Schonung der Schneidkanten des Kornes und zur Erzielung glatter Oberflächen möglichst niedrig sein. Der Vorschliff ist beendet, wenn die Werkstückoberfläche eben ist; der Nachschliff beseitigt die Rauhigkeit des Vorschliffs.

Bei Band- und Zylinderschleifmaschinen soll für Holzschliff die Bandgeschwindigkeit 24 ... 30 m/s, für Lackschliff 12 ... 15 m/s betragen.

5.2 Wässern, Nachschleifen, Entstauben

Da bei jeder Zuführung von Feuchtigkeit auf das Holz eingedrückte Porenränder wieder hochkommen, muß dem Beizen ein Wässern mit warmem Wasser vorangehen.

Beim Wässern von Nadelhölzern mit geringem Harzgehalt erhält das Wasser zweckmäßig einen Zusatz von verdünntem Ammoniak (etwa 1:10). Dadurch wird das Holz für die Beize aufnahmefähiger (siehe Entharzen, Seite 57). In gleicher Weise verfährt man beim Wässern von Laubhölzern – Kirschbaum ausgenommen –, die dunkler zu beizen sind. An die Stelle des Ammoniaks tritt verdünnte Essigsäure, wenn Laubhölzer ihre Naturfarbe behalten sollen.

Nach dem Trocknen erfolgt das Nachschleifen, in dessen Verlauf sich die Holzporen mit Schleifstaub anfüllen. Dieser Staub ist daraus gründlich zu beseitigen, sonst kann er nach dem Beizen oder Beschichten herausfallen und ungefärbte Poren hinterlassen. Die Entfernung des Schleifstaubes geschieht mit der Porenbürste, die zugleich die feinen Porenränder abbricht. Sie hat anstelle der Borsten dünne Drähte aus Neusilber oder Bronze. Stahl-, Messing- oder Kupferbürsten sind ungeeignet, weil Stahl rostet und Messing und Kupfer Grünspan ansetzen.

5.3 Reinigen

5.3.1 Entfernen von Leim- und Kleberdurchschlägen

Auf furnierten Flächen können sich als Folge eines zu satten Leimauftrags Leimdurchschläge zeigen, die durch Wässern und Schleifen nicht zu beseitigen sind. Der Bildung des Leimdurchschlags kann man bis zu einem gewissen Grad beim Furnieren schon dadurch vorbeugen, daß man dem Furnierleim Füll- oder Streckmittel zusetzt. Bei Kunstharzleimen ist hierbei nach Herstellervorschrift zu verfahren. Bei

Warmleimen kommen „Pora" oder „Ulmer Leimzusatzmittel" in Betracht. Schlämm-kreide wird als Zusatzmittel zwar vielfach verwendet, greift aber als mineralisches Produkt die Schneide der Werkzeuge stark an. Da der Leimdurchschlag durch zu heiße Zinkzulagen begünstigt wird, sind diese nur gut handwarm zu machen. Weiterhin empfiehlt es sich, beim Furnieren sauberes, glattes Packpapier oder glatte Pappe zwischen Furniergut und Zinkzulage zu legen. Dies bezweckt, daß die Feuchtigkeit des Leims vom Papier aufgenommen wird und die eingefettete Zinkzulage mit dem Furniergut nicht unmittelbar in Berührung kommt.

Durchschläge von Warmleim (Glutin- oder Eiweißleim) sind zwei bis drei Stunden nach dem Ausspannen des furnierten Werkstückes aus der Presse mit einer reinen, heißen Schmier- oder Kernseifenlösung (25 g auf 1 Liter Wasser) einzureiben und mit einer steifen Wurzelbürste auszubürsten. Einzelne Hölzer verlangen jedoch in dieser Hinsicht besondere Maßnahmen. Eichenholz wird infolge des großen Gerbstoffgehalts von einer starken Seifenlösung gebräunt. Deshalb verwendet man bei Eiche und anderen gerbstoffhaltigen Hölzern zur Entfernung des Leimdurchschlages „Holzseife Tannin", wenn die Naturfarbe erhalten bleiben soll. Notfalls setzt man dem Wasser zum Nachwaschen etwas Essigsäure zu. Auch Oxalsäure (etwa 5%ige Lösung) löst tierischen Leim aus den Poren, verlangt aber ausgiebiges Nachwaschen mit warmem Wasser und gründliches Trockenreiben der Fläche. Ahorn, Birnbaum, Birke und Rüster soll man nicht mit Oxalsäure auswaschen, weil diese Hölzer sonst eine leichte Rosafärbung annehmen. Bei Nußbaum wird der Seifenlösung eine geringe Menge Soda zugesetzt; die Weiterbehandlung erfolgt wie bei Eiche. Soda läßt die Farbe des Nußbaumholzes kräftiger hervortreten. Wichtig ist in jedem Falle, daß nicht nur die Stelle des Leimdurchschlags, sondern zur Vermeidung von Fleckenbildung die gesamte Oberfläche mit der Lösung bearbeitet wird. Nach dem Ausbürsten der Fläche mit Seifenlösung wäscht man mit reinem Wasser gut nach, damit alle Seifenreste und gelösten Leimrückstände vollständig verschwinden.

Frische Durchschläge von Weißleim (PVAC) können mit warmem Wasser ausgewaschen werden; ausgehärteter Leim löst sich nur noch in Lösemitteln wie Aceton, Essigester o. ä. Die Einwirkzeit soll zur Vermeidung von Kürschnerbildung (stellenweises Ablösen des Furniers) möglichst kurz sein (vgl. Seite 45).

Kondensationsharzleime (z. B. Kauritleim) sind wasser-, hitze- und tropenfest deshalb ist ausgehärteter Kauritleimdurchschlag in furnierten Flächen nicht entfernbar. Zur Vermeidung von roten Streifen auf Furnieren von Lärche, Ahorn, Esche und Nußbaumsplint müssen „Kauritleim F" und „Kalthärter braun" zur Anwendung kommen.

Kleberdurchschläge sind mit den vom Hersteller angegebenen Lösemitteln entfernbar; dabei ist wie oben auf die Vermeidung von Kürschnern zu achten.

5.3.2 Entfernen von Klebstreifen

Bei manchen zusammengesetzten Furnieren zeigen sich nach dem Beizen an den Fugen helle oder dunkle Streifen, die durch das Fugenpapier verursacht sind. Eine helle Verfärbung entsteht, wenn beim Pressen warme Feuchtigkeit aus dem Furnierleim an die Oberfläche dringt, den Klebstoff des Fugenpapiers erwärmt und in das Furnier zieht. Das Furnier ist also an dieser Stelle mit Klebstoff und Leim gesättigt und nimmt später die Beize nur mangelhaft an. Dunkle Streifen treten dann in Erscheinung, wenn das Klebemittel des Fugenpapiers nicht säurefrei war. Man beseitigt sie durch Auswaschen wie beim Leimdurchschlag. Zur Entfernung des Fugenpapiers darf der Klebstreifen mit warmem Wasser nur soweit befeuchtet werden, daß er sich gerade gut ablösen läßt. Das Ablösen erfolgt zweckmäßig mit Ziehklinge, Schwamm oder Putzwolle. Am besten verwendet man von vornherein dünnes, aber festes Fugenpapier. Damit sich nicht offene Furnierfugen bilden, entfernt man das Fugenpapier erst nach Austrocknung der Furnierfläche

5.3.3 Entfernen von Flecken

Zur Beseitigung von *Fett- und Schmierölflecken oder Paraffinrückständen* aus Trennmitteln der Zulagen dient ein dünner Brei aus gebrannter Magnesia oder besser Aerosil (feinflockige Kieselsäure) mit einem geeigneten Lösemittel, z. B. Trichloräthan, Nitroverdünnung oder Essigester.[1] Dieser Brei wird mit einer Spachtel oder mit einem steifen Pinsel auf die befleckte Stelle aufgetragen. Das Lösemittel dringt in das Holz ein und löst das Fett heraus. Nach dem Trocknen ist dieses in dem zurückbleibenden Pulver angesammelt und wird mit diesem durch Abbürsten entfernt. Stark fleckige Stellen erfordern eine mehrfache Wiederholung dieses Vorganges. Der Holzton bleibt dabei unverändert. Auch Entharzungsmittel eignen sich zum Fleckentfernen.

Tintenflecken von gewöhnlicher Eisengallustinte kann man mit einer heißen 5%igen Oxalsäure- oder Kleesalzlösung beseitigen (gut nachwaschen und trockenreiben). Teerfarbenhaltige Füllertinte und Rostflecken lassen sich durch Wasserstoffperoxid ausbleichen.

Durch Nägel, eisenhaltiges Wasser und Eisensalzbeizen verursachte dunkle *Eisenflecken* verschwinden bei Behandlung mit Wasserstoffperoxid.

Bei *Kalk-, Gips- und Zementflecken* entfernt man zunächst deren Überreste mit Spachtel, Bürste und Schleifpapier. Die beschmutzte Stelle wird dann mit Essigsäure (1:10) je nach Größe betupft oder gewaschen und mit reinem Wasser nachgespült.

---

1) Diese Mischung eignet sich auch zum Fleckentfernen aus Textilien usw. (Fleckenpaste).

Bei allen Reinigungsvorgängen ist darauf zu achten, daß abschließend nicht nur die befleckte Stelle, sondern die gesamte angrenzende Fläche mit dem Reinigungsmittel behandelt wird, damit keine Ränder entstehen.

5.4 Verkitten

Grundsätzlich soll bei guten Arbeiten Kitt überhaupt nicht zur Verwendung kommen. Ebenso ist es abzulehnen, Konstruktionsfehler und unsaubere Arbeiten damit zu verdecken. Größere naturgegebene Fehlerstellen im Holz werden mit passenden Holzstücken ausgefüllt. Wo sich das Kitten nicht umgehen läßt, wie etwa bei alten gebeizten und polierten Möbeln, auf Montage usw., kann man sich der nachfolgend beschriebenen Kitte bedienen.

5.4.1 Leim- oder Hirnholzkitt

Ein altbewährtes Mittel ist ein Kitt aus geschabten Hirnholzspänen oder Schleifstaub und schwachem Leim. Der Leimanteil darf nicht zu groß sein, weil sonst der Kitt hart und spröd wird und Flecken entstehen können. Die ausgekitteten Stellen müssen vor dem Schleifen gut austrocknen, damit sie nicht einfallen. Da der Kitt keine Beize annimmt, muß er entsprechend abgetönt werden.

5.4.2 „Flüssiges Holz"

ist ein in vielen Tönen (naturfarben oder gebeizt) erhältlicher Holzkitt aus Schleifstaub und schnelltrocknendem Nitrozelluloselack. Dank der bequemen Handhabung ist er der am meisten verwendete Holzkitt. Eingetrockneter Kitt läßt sich mit Essigester, Amylacetat oder Aceton wieder gebrauchsfähig machen. Bei zu beizenden Flächen darf das flüssige Holz nicht vor dem Beizen aufgetragen werden, da es die Beize nicht in dem Maße wie die übrige Fläche annimmt. Zudem wird das Holz um die Kittstelle herum verschmiert. Diese Verunreinigung kann man auch durch gründliches Schleifen nicht beheben, weil das Holz dort mit Nitrolack getränkt ist und weniger Beize aufnimmt. Die Haftfestigkeit des flüssigen Holzes erhöht sich wenn die Kittstelle vorher mit Lösemittel angefeuchtet wird. Das rasche Erharten des flüssigen Holzes bietet den Vorteil, daß man kurz nach dem Ausbessern überstehenden Kitt abstechen und abschleifen kann. Die behandelten Stellen lassen sich mattieren, polieren und lackieren; sie sind als Fehlerstellen unkenntlich, wenn man den Kitt vorher entsprechend eingefärbt hat. Es empfiehlt sich, nur soviel Kitt anzumachen, als gerade notwendig ist, weil die Nitrolösemittel sehr schnell verflüchtigen und der Kitt rasch erhärtet. Übriggebliebener Kitt muß – ggf. mit einigen Tropfen Lösemittel versetzt – in luftdichten Büchsen verwahrt werden.

5.4.3 Schellackbrennkitt

Schadhafte Stellen an Flächen, die gebeizt, mattiert oder poliert werden, kann man mit Schell- oder Siegellack auskitten. Schellackkitt bereitet man wie folgt: Eine Handvoll Schellackblättchen wird in einem Tuch in siedendes Wasser so lange getaucht, bis sie erweicht sind. Dann nimmt man sie aus dem Tuch und rollt sie auf einer Brettchenunterlage mit der Hand zu fingerdicken Stangen. Wenn Schellackbrennkitt der Farbe der Holzoberfläche nicht entspricht, verwendet man an seiner Stelle Siegellack, der in allen Farben erhältlich ist. Ganz helle Holzarten, z. B. Ahorn, erfordern weißgebleichten Schellack.

Zum Auskitten dient ein an der Gas- oder Spiritusflamme erhitztes Eisen (Löteisen). Mit diesem bringt man den Lack zum Schmelzen und drückt ihn gleichzeitig fest in die Kittstelle ein. Damit sich darin keine Luftbläschen bilden können, preßt man die noch weiche Schmelzmasse mit einem kalten Eisen nach. Luftbläschen würden nach dem Abstechen (scharfes Stecheisen!) und Schleifen der Kittmasse als Poren in Erscheinung treten.

Bei zu polierenden Flächen darf das Ausbessern mit Brennkitt erst nach dem Grundpolieren erfolgen, weil der mit Spiritus angefeuchtete Polierballen den Kitt leicht auswischen würde.

5.4.4 Wachskitte

sind meist Hartwachse, die als Stangen in zahlreichen Farben in den Handel kommen. Beim Auskitten wird das Wachs mit einem angewärmten Kittmesser auf die Fehlerstelle gedrückt. Das Wachs verfestigt sich bald. Überstehenden Kitt schabt man mit dem kalten Kittmesser ab. Wachskitte dienen hauptsächlich zum Ausbessern fertig behandelter Oberflächen. Auf zu polierenden Flächen und auf Polituren würde die Wachskittstelle immer matt bleiben, weil Wachskitt keine Verbindung mit der Politur eingeht. Ungeeignet ist dieser Kitt an Kanten und Ecken, denn er besitzt nicht die erforderliche Härte und Haftfestigkeit.

5.4.5 Spezialkitte

Zur Vervollständigung der Liste seien noch folgende Kitte angeführt, die für einfache und gestrichene Arbeiten zur Verwendung kommen:

Leimkitt aus Schlämmkreide, Wiener Weiß oder gebranntem Gips. Diese Stoffe werden mit schwachem Leim zu einer gut verbundenen, beliebig zu färbenden Masse vermengt.

Fensterkitt aus Kreide und Leinöl ist zur Reparatur von Flächen verwendbar, die deckend lackiert werden.

Blindholzkitt wird aus fein pulverisierter Holzkohle und schwachem Leim zubereitet.

Er eignet sich zum Auskitten von Löchern in Blindholz besser als ein aus Schlämm-kreide oder Gips und Leim hergestellter Kitt.

5.5 Entharzen

Im Gegensatz zu Laubhölzern enthalten Nadelhölzer (z. B. Fichte, Föhre, Lärche, Pitchpine, Zirbelkiefer, Oregon) je nach Art wechselnd Harz. Da dieses die Beize schlecht annimmt, müssen harzhaltige Hölzer vor dem Beizen entharzt werden Entharzungsmittel wirken aber nur bis zu einer Tiefe von 1 bis 2 mm. Tiefer liegendes Harz kann in den entharzten Bereich wieder eindringen und auf der Oberfläche dunkle Flecken hervorrufen. Daher ist es verständlich, daß das Entharzen nur begrenzte Erfolge zeitigen kann.
Harze können durch geeignete Löse- oder Verseifungsmittel aus dem Holz entfernt werden. Entharzt wird immer die schon geschliffene Oberfläche.

5.5.1 Entharzen durch Lösemittel

Für harzige Hölzer, die chemisch gebeizt werden sollen, kommen nur flüchtige harz-lösende Mittel in Betracht, da diese keine störenden Rückstände hinterlassen.
Nahezu alle Lösemittel sind harzlösend. Es sollen jedoch nur solche verwendet wer-den, die wegen Unbrennbarkeit und geringer gesundheitsschädigender Wirkung gefahrlos gehandhabt werden können. Geeignet sind möglichst langsam verdun-stende Flüssigkeiten, z. B. Trichloräthylen, Trichloräthan, Terpentin, Butylacetat u. ä. Nicht verwendet werden sollen z. B. Aceton, Benzin usw. wegen ihrer Feuerge-fährlichkeit, Tetrachlorkohlenstoff wegen seiner Giftigkeit.
Zum Entharzen wird die gesamte Holzoberfläche sehr satt mit dem Lösemittel be-feuchtet; es soll immer etwas Flüssigkeit darüberstehen, die herausgelöstes Harz aufnehmen kann und zum Schluß mit diesem entfernt wird (Lappen, Schwamm). Kräftiges Bürsten mit Fiber- oder Wurzelbürste während der Einwirkung des Löse-mittels sowie Nachwaschen mit warmem Wasser zur Entfernung letzter Harzreste sind unerläßlich.
Sehr wirksam ist auch ein Brei aus Lösemittel und Aerosil (Kieselsäure), wie er be-reits zum Fleckentfernen empfohlen worden ist (Seite 54).

5.5.2 Entharzen durch Verseifung

Verseifende Entharzungsmittel kann man bei vorgesehener Teerfarbenbeizung an-wenden; sie reagieren basisch und bringen das Harz in eine wasserbenetzbare Form, so daß es danach ausgewaschen werden kann. Dazu eignen sich z. B. Kern-, Schmier- und Holzseife, Natriumkarbonat (Soda) und Kaliumkarbonat (Pottasche), sowie Ätznatron und Ammoniak. Sie werden in folgenden Zubereitungen angewandt:

- neutrale Holzseife: 30 Gramm auf 1 Liter heißes Wasser (Vorzug: sie bräunt das Holz nicht)
- kalzinierte Soda (Natriumkarbonat): 60 Gramm auf 1 Liter heißes Wasser, dazu ¼ Liter Aceton
- Ätznatron: 40 Gramm in 1 Liter kaltem Wasser gelöst, dazu 600 ml Aceton
- Ammoniak: verdünnt und mit Aceton versetzt

Ätznatron- und karbonathaltige Lösungen sollen nicht zum Entharzen fertiger Stücke verwendet werden, wenn die Gefahr der Rückstandsbildung in Ecken, Nuten, Falzen oder Brüstungen und damit die Möglichkeit zu späteren Verfärbungen und Zerstörung des Überzugs besteht.

Das harmloseste Entharzungsmittel ist Ammoniak, weil er keine störenden Rückstände hinterläßt. Das damit verseifte Harz wird mit Wasser vollständig abgewaschen, überschüssiger Ammoniak verflüchtigt sich. Die konzentrierte Ammoniaklösung (25%ig) ist gut naß zwei- bis dreimal hintereinander in kleinen Bereichen aufzutragen; mit harter Wurzelbürste wird dann kräftig nachgebürstet, bis sich eine starke Schaumbildung zeigt. Zum Abtrocknen benützt man einen Lappen oder einen Schwamm, den man immer mit warmem Wasser ausspült und dann ausdrückt.

Mit den übrigen Verseifungsmitteln wäscht man in derselben Weise (Einwirkungsdauer etwa eine Viertelstunde). Laugenrückstände werden mit Essigsäure (1:5 mit Wasser verdünnt) neutralisiert, um Fleckenbildung oder Farbtonveränderung zu verhindern. Da nur die oberste Schicht des Holzes entharzt wird, soll nach dem Trocknen wenig oder gar nicht geschliffen werden, um ein gleichmäßiges Eindringen der Beize in das Holz sicherzustellen.

5.6 Bleichen

Das Bleichen hat den Zweck, die gesamte Holzoberfläche oder Flecken auf ihr aufzuhellen. So wird Ahorn häufig weiß gebleicht. Bei Eiche behandelt man graublaue oder grauschwarze Einlaufflecken, bei Kirschbaum grünliche, ins Holz gewachsene Streifen mit Bleichmitteln. Diese Korrekturen sind jedoch nur oberflächlich, weil die meisten Bleichmittel – Spezialbleichen ausgenommen – nicht tief eindringen und nicht einmal Furniere durchbleichen.

Im Handel erhältliche Bleichmittel werden flüssig oder trocken angewandt; zu empfehlen ist jedoch nur die Naßbleichung.

Die chemischen Eigenschaften der üblichen Bleichmittel sind bereits in Abschnitt 3 behandelt worden; nachstehend ist ihre Anwendungsweise beschrieben.

5.6.1 Wasserstoffperoxid

Wasserstoffperoxid ist ein hervorragendes oxidierendes Bleichmittel. Für eine Vollbleichung kann es in der handelsüblichen 30%igen Konzentration verwendet werden; oft wird es jedoch vor dem Verbrauch mit dem gleichen Volumen Wasser verdünnt. Übriggebliebene verdünnte Lösung gießt man nicht in die Vorratsflasche zurück. Mehrmaliger Auftrag oder die Zugabe von 40 ml konzentrierter Ammoniaklösung auf 1 Liter 15%iger Wasserstoffperoxidlösung erhöhen die Wirksamkeit
Das Auftragen der Bleichlösung erfolgt mit Fiber- oder Perlonbürste, die nicht mit Metall abgebunden ist (Tierborsten lösen sich auf), oder mit einem mit Putzwolle umwickelten Stäbchen.
Die Bleichlösung läßt man gut abtrocknen und den sich bildenden Schaum stehen. Bei mehrmaligem Auftragen muß das Holz gut zwischentrocknen, bevor das Mittel neuerdings angewendet wird. Ammoniak kommt erst beim letzten Auftrag als Zusatz hinzu. Größere Flächen werden zuerst mit Wasserstoffperoxid bestrichen; anschließend trägt man verdünnte Ammoniaklösung (1:3) auf. Die aufgetragene Mischung wird durch Zusetzung rasch unwirksam.
Nach dem Trocknen wird die Holzoberfläche zur Vermeidung von Flecken mit warmem Wasser nachgewaschen. Zur Beseitigung des überschüssigen Peroxids gibt man dem Wasser einige Gramm Natriumbisulfit je Liter zu.
Mit Wasserstoffperoxid lassen sich chemisch gebeizte Holzoberflächen stark aufhellen (Bleichung ggf. wiederholen!). Gerbsäurehaltige Hölzer, wie Mahagoni und Nußbaum, sind mit 10%iger Salzsäure nachzuwaschen. Das abschließende Auswaschen geschieht mit Wasser, dem Essigsäure im Verhältnis 1:20 zugesetzt ist.
Für Eiche ist Wasserstoffperoxid als Bleichmittel nur in Lösungen von 5–10% verwendbar, weil stärkere Lösungen dieses Holz grünlich färben.
Im Holz verbliebene Peroxidreste können noch nach längerer Zeit unerwünschte Nachbleichungen hervorrufen; daher ist auf eine gute Trocknung gebleichter Flächen zu achten. Polyurethanbeschichtungen vergilben durch Peroxidreste.

5.6.2 Oxalsäure, Kleesalz, Zitronensäure

Oxalsäure und ihr saures Kaliumsalz, das Kleesalz, sind in der Bleichwirkung gleichzusetzen und besonders bei Eiche angebracht. Bei Ahorn, Birke und Rüster besteht die Gefahr einer spontanen Rosafärbung, bei Nußbaumsplint oft erst nach einigen Wochen.
Zitronensäure wird bevorzugt zum Bleichen gerbstoffhaltiger Hölzer eingesetzt.
Beim Ansatz der Bleichlösungen löst man in einem metallfreien Gefäß jeweils 30 g Salz in 1 Liter heißem Wasser auf. Die Lösung wird möglichst heiß auf das Holz aufgetragen (in kaltem Zustand ist die Bleichwirkung gering). Nach einer Einwirkungs-

zeit von 10 Minuten spült man sofort mit reichlich warmem Wasser ab. Das Auswaschen muß gründlich geschehen, da Bleichstoffrückstände Beizen, Mattierungen oder Polituren zerstören können.

5.6.3 Salzsäure

Reine, eisenfreie Salzsäure (1:10 verdünnt) dient vorzüglich zum Ausbleichen von chemischen Beizen, zum Aufhellen von Eiche und zum Entfernen von Flecken, z. B. Kaseinleimflecken. Die Salzsäure wird gut naß aufgetragen; nach dem Trocknen (etwa drei bis vier Stunden) ist gründlich mit warmem Wasser nachzuwaschen.

5.6.4 Natriumbisulfit

Als Bleichlösung dient eine 2...5%ige Natriumbisulfitlösung, die man durch Auflösen von 20...50 g kristallisiertem Bisulfit je Liter Wasser oder durch Verdünnen der käuflichen, etwa 40%igen Bisulfitlösung (1 Teil Bisulfitlösung auf 8...15 Teile Wasser) herstellt.
Bisulfit wirkt durch chemische Reduktion (Seite 19). Es bleicht grau- bis grünstreifiges Kirschbaumholz in der ganzen Fläche zu einem einheitlich rötlichen Holzton und ist auch als Bleichmittel für Nußbaumholz gut geeignet. Bei Kirschbaum gibt man zur Verstärkung Oxalsäure zu. Wenn die Lösung nach dem heißen Auftragen leicht angetrocknet ist, erfolgt eine Nachbehandlung mit verdünnter Essigsäure (1:10). Nach dem Trocknen ist gründliches Nachwaschen mit lauwarmem Wasser erforderlich.

5.6.5 Spezialbleichen, Handelsprodukte

Der Fachhandel hält eine Reihe sehr wirksamer Spezialbleichmittel bereit, die auch Furniere durchgehend bleichen. Cyanex ist der Handelsname für ein solches Produkt. Es beseitigt die Anblauung des Föhrenholzes, indem es den Blaupilz abtötet und die entstandenen Farbstoffe zerstört; damit ist auch die Ursache weiterer Verblauung beseitigt. Das mit Cyanex vorbehandelte Holz kann wie einwandfreie Ware ohne Nachteil gebeizt, mattiert und poliert werden.

5.6.6 Bleichbeizen

dienen zum Bleichen und Beizen in einem Arbeitsgang. Sie sind auf wenige Anwendungsfälle beschränkt, z. B. zur Erzielung einer einheitlichen Färbung auf Nußbaumholz. Wirksamer Bestandteil ist Wasserstoffperoxid; die Beizung bewirken zugesetzte Farbstoffe (vgl. Seite 69).

5.7 Strukturbelebung, Hervorhebung der Holzstruktur

Zweck der Strukturbelebung oder Strukturierung ist es, dem Holz ein altes, verwittertes bzw. abgenutztes, antikes oder rustikales Aussehen zu geben. Beim Strahlblasen, Bürsten und Brennen arbeitet man das weiche Frühholz teilweise heraus, damit die harten Jahresringe erhaben hervortreten und so auch der Holzcharakter verstärkt zur Erscheinung kommt. Das Sandeln bezweckt nur eine leichte Aufrauhung der Holzoberfläche. Alle genannten Strukturbelebungstechniken lassen sich hervorragend auf Nadelhölzer wie Fichte, Tanne und Lärche anwenden; einige Laubhölzer z. B. Eiche, Rüster, Esche eignen sich zum Strahlblasen.

5.7.1 Strahlblasen

Beim Strahlblasen werden harte, scharfkantige Körner mit Hilfe von Druckluft (6 bar) aus einer Düse auf das Holz geschleudert und tragen dabei besonders die weichen Holzpartien ab. Damit das Strahlgut nicht in den freien Arbeitsraum gelangt, arbeitet man in Strahlkabinen. Die vom Holz zurückprallenden Körner sammeln sich im unteren Bereich der Anlage und gelangen im steten Kreislauf über das Gebläse wieder zur Strahldüse zurück. Als Strahlgut eignen sich Glasbruch oder Strahlkorund (Aluminiumoxid, eisenfrei) in Körnung 0,40...0,80 mm Durchmesser, sowie Quarzsand, wobei letzterer aus gesundheitlichen Gründen in geschlossenen Räumen nicht und offen nur bedingt verwendet werden darf (siehe Arbeitsstoffverordnung Arb Stoff V, Anhang II, Nr. 3 und 8).

Das zu strukturierende Holz soll gehobelt sein. Die Erfahrung hat gelehrt, daß für das Strahlblasen die linke Seite des Holzes geeigneter ist, obwohl sich die rechte Seite ausdrucksvoller gestalten läßt. Beim Aufschneiden des Stammes zu Brettern wird nämlich der Faserverlauf des Holzes auf Grund der Kegelform des Stammes schräg durchtrennt, so daß die harten Jahresringe auf der rechten Seite heraus-, auf der linken Seite hineinzuwachsen scheinen. Beim Einlassen mit Putzwolle und beim Abstauben würde sich das Stoffgewebe an den freigelegten Spitzen der harten Jahresringe verfangen, so daß sie einreißen und absplittern. Liegen jedoch Gründe vor, trotzdem für außen die rechte Seite zu wählen, so darf man zur Vermeidung von Absplitterungen nur leicht blasen.

Das zur Verwendung kommende Strahlgut muß rein und eisenfrei sein, da im Holz verbliebener eisenhaltiger Staub beim Vorbeizen graue oder blaue Flecken erzeugen würde. (Auch scheidet Material aus, das schon zum Blasen von Metall benützt wurde). Sollten sich aber beim Vorbeizen dennoch Eisenflecken zeigen, kann man sie zum Teil durch eine alkoholische Lösung von Kleesalz (5%) beseitigen. Dies darf jedoch erst nach dem Nachbeizen geschehen, wenn sich der endgültige Ton entwickelt hat. Kleesalz hellt zwar den Beizton auf, und es ist dann schwierig, den vorgeschriebenen Ton wieder zu erreichen; jedoch ist die Aufhellung gegenüber den störenden Flecken noch das kleinere Übel.

5.7.2 Bürsten

Das Bürsten erfolgt mit einer großen, kräftigen Stahlbürste. Diese wird vor der Benützung folgendermaßen geschärft: Die rechte Hand führt die Bürste normal am Griff haltend nach vorne über die Schmirgelscheibe hinweg, die sich zur Bürste herbewegt. Dadurch wird an die Drahtborsten ein einseitiger Grat angeschliffen. Die Bürste arbeitet dann beim Bürsten des Holzes auf Zug, d. h. zum Körper her. Der Bürstenstrich liegt quer zur Holzfaser, von der Fladermitte aus zum Rande hin. Staubrückstände sind mit einer Wurzelbürste (nicht Stahlbürste) zu entfernen. Danach kann gebeizt und weiter verarbeitet werden.

5.7.3 Brennen

Hand- oder maschinengehobeltes Holz oder je nach Zweck rohe Bretter oder Balken (bei Veranden usw.) werden mit der Lötlampe oder dem Schweißbrenner mit Breitdüse angebrannt. Man führt die Flamme zunächst in der Faserrichtung langsam auf und ab und zuletzt quer, bis das Holz in den weichen und den harten Jahresringen gleichmäßig leicht angekohlt ist. Beim Ausbürsten mit einer steifen Wurzelbürste treten die harten Jahresringe stärker und dunkler hervor, die weichen Jahresringe bleiben etwas heller und tieferliegend. Wenn der so erreichte Ton zu dunkel ist, bürstet man mit einer Stahlbürste längs zur Holzfaser nach. Auf diese Weise können weiche Jahrringe bis zu ihrer ursprünglichen Farbe aufgehellt werden.
Die lange Hitzeeinwirkung der Lötlampe kann jedoch Rißbildung und Werfen der Holzteile bewirken. Daher beschleunigt man die Verkohlung durch Bestreichen des Holzes mit einer der folgenden Lösungen (Perlonpinsel):

- reine Salzsäure
- Salpetersäure, 1 Vol.-Teil auf 4 Vol.-Teile Wasser
- 2 Vol.-Teile halbkonzentrierte Salzsäure + 1 Vol.-Teil 10%ige Ammoniaklösung
- in Wasser gelöstes Brennsalz (Handelsprodukt)

Solange die Holzfläche noch feucht von Säure ist, brennt man sie mit der Lötlampe in raschen Zügen gleichmäßig ab und bürstet mit einer harten Wurzel- oder mit der Stahlbürste aus. Mit Salpetersäure vorbehandelte gebrannte Hölzer zeigen nach dem Bürsten eine leicht rötliche Färbung, die aber bald in einen warmen braunen Ton übergeht. Das Brennen der Hölzer hat den Vorteil, daß ein Schutzüberzug überflüssig ist; man kann sie mit Roßhaar oder Stahlwolle mattreiben.
Soll auf Fichte, Tanne oder Föhre eine warme, goldbraune oder graubraune Tönung erzielt werden, so streicht man das Holz für Goldbraun mit Salpetersäure 1:5 verdünnt, für Graubraun mit Salzsäure 1:5 verdünnt, ein. Dann wird die Flamme der Lötlampe vorsichtig und in langsamen Zügen in Richtung der Längsfasern über die noch feuchte Oberfläche geführt. Dabei darf die Flamme das Holz nicht berühren

und ankohlen, sondern nur erhitzen. Wenn die Tönung erreicht ist, schleift man die immer noch glatte Fläche mit feinem Schleifpapier nach.

Aufgetragene und ins Holz eingedrungene Säuren können weder durch Brennen beseitigt, noch durch Ammoniak restlos neutralisiert werden. Es bleiben also Säurerückstände im Holz. Eisenbeschläge, die auf so vorbehandelte Hölzer montiert werden sollen, müssen mit Öl gebrannt und zaponiert sein.

5.7.4 Sandeln

Mit dem Sandeln strebt man eine nur leichte Aufrauhung der Holzoberfläche an. Dazu werden Schleifkörner mit einem Linden- oder Pappelholzklotz unter Rundbewegungen und leichtem Druck gleichmäßig auf der Holzoberfläche verrieben. In diesen Klotz sind je nach seiner Größe 6 bis 8 Sacklöcher mit einem Durchmesser von je 30 mm gebohrt, die den Sand enthalten. Die Böden der Sacklöcher haben 2 mm weite Bohrungen, aus denen der Sand ausfließt (Bild 3). Das Werkstück bearbeitet man auf einer leistengefaßten Plattenunterlage, damit der Sand gesammelt und wieder verwendet werden kann.

Zum Sandeln geeignet sind Mischungen von Quarz- und Feuersteinsand sowie Rohglasflint (Vulkan) in verschiedenen Körnungen. Das zu behandelnde Holz wird vorher mit dem Putzhobel geputzt. Nach dem Sandeln wird es abgestaubt und kann gebeizt werden. Zu beizende Flächen sind gröber zu sandeln als naturbelassene, weil das Holz bei der nachfolgenden Beizung aufquillt.

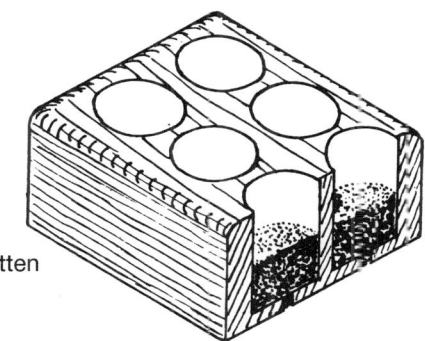

Bild 3   Reibklotz durchgeschnitten

5.7.5 Anwendungsregeln für Oberflächen-Strukturbelebung

Die Oberflächen-Strukturbelebung ist, wie erwähnt, nur bei wenigen Holzarten anwendbar. Tisch- und Schrankplatten, Sitz- und Lehnflächen sollen nicht strukturiert werden, weil sie infolge der Aufrauhung bei Benützung rasch und stark verschmutzen oder Kleider beschädigen können. Ebenso sind die genannten Verfahren verfehlt bei feingliedrigen Profilen und bei zu fein gestreiftem Holz, weil ein ausgearbeiteter Stab an sich schon plastische Wirkung besitzt und feine Kanten durch Strahlblasen usw. verdorben werden. Beim Brennen können die Kontrastwirkungen zwischen hell und dunkel zu auffällig und unruhig sein. Ist Brennen von furnierten Flächen beabsichtigt, so sind hierzu mindestens 2 mm starkes Furnier, – möglichst Sägeschnittfurnier, – oder kauritverleimte Hobeldickten notwendig.

Sandgeblasene, gebürstete usw. Flächen sollen keinen glänzenden Überzug erhalten. Am besten ist es, sie mit wasserfesten Mattpräparaten (kein Lack!) oder nur mit Stahlwolle oder Roßhaar zu behandeln.

6. Beizen und Färben

6.1 Begriff des Beizens

Unter dem Sammelbegriff „Beizen" versteht man im weitesten Sinne das Verändern des natürlichen Holztones durch den Auftrag einer farberzeugenden Flüssigkeit oder durch Reaktion mit einem Gas. Erfolgt die Farberzeugung durch chemische Reaktion des Beizmittels mit den Holzbestandteilen, spricht man von Beizen im engeren Sinne. Trägt man dagegen Farbteilchen auf die Holzoberfläche auf, so nennt man dies Färben. Die Praxis unterscheidet im allgemeinen nicht zwischen Beizen und Färben[1]).

6.2 Zweck des Beizens und Färbens

Zweck des Beizens ist es, die natürliche Farbe des Holzes zur Wirkung zu bringen und seine charakteristische Struktur dekorativ hervorzuheben. Das Beizen dient auch dem Ausgleich von ungewollten Farbunterschieden zwischen einzelnen Werkstücken.
Durch Färben ist es möglich, nahezu jeden gewünschten Farbton unter Beibehaltung oder Veränderung des Strukturbildes auf der Holzoberfläche zu erzeugen und so besonders dekorative Wirkungen und Sondereffekte wie „rustikal", „antik" usw., zu erzielen. Der Ungeübte kann dabei jedoch Gefahr laufen, zuviel des Guten zu tun und dem Werkstoff Holz ein Aussehen aufprägen, das dessen Natur nicht entspricht. Mit anderen Worten, er kann das ursprüngliche Ziel der Hervorhebung der Schönheit des Holzes ins Gegenteil verkehren. Man wird daher mit Farben bedacht und maßvoll umgehen und Intensivfärbungen auf Fälle beschränken, in welchen dies einem besonderen Zweck dient, z. B. bei Kindermöbeln, Spielzeug usw.

6.3 Vorgänge beim Beizen und Färben

6.3.1 Beizen

Beizen ist ein chemischer Vorgang, bei dem sich eine licht- und reibechte Färbung von weitgehender Wasserbeständigkeit ergibt. Während die tierischen Fasern Wolle und Seide unmittelbar färbbar sind, benötigt Zellulose dazu einen Ver-

---

1) Auch der Handel und der Reichsausschuß für Lieferbedingungen und Gütesicherung (RAL) machen keinen Unterschied zwischen Färben und Beizen. In den RAL heißt es hierzu: „Als gebeizt sind solche Möbel, ...bzw. deren Oberflächen zu bezeichnen, die mit färbenden Flüssigkeiten behandelt wurden und einen entsprechenden Schutzüberzug erhalten haben. Es ist dabei gleichgültig, ob die Färbung durch gelöste Farbstoffe oder chemische Umsetzungen in der Holzfaser erfolgt."

mittler, nämlich die Beize. Diese verbindet sich mit dem Farbstoff und verankert ihn unlöslich auf der Faser. Als „Vorbeize" dienen meist gerbstoffhaltige Mittel, als „Nachbeize" Schwermetallsalze. Die chemische Reaktion der Fixierung des Farbstoffes auf der Faser läuft langsam ab. Die Farbe entwickelt sich erst nach längerer Einwirkung der chemischen Stoffe auf das Holz; man nennt solche Beizen deshalb auch „Entwicklerbeizen".

Das Beizen betont die Struktur des Holzes; die harten Jahrringe erscheinen dunkler, die weichen heller, wodurch sich ein „positives Farbbild" zeigt.

6.3.2 Färben

Beim Färben werden Farbstoffe oder Farbteilchen auf die Holzfaser aufgebracht, die dort nur durch schwache physikalische Kräfte haften. Sie sind abreibbar oder auswaschbar. Die Faserbestandteile bleiben chemisch unverändert. Der Farbton liegt im wesentlichen schon von vornherein in der Flüssigkeit fest; kleine Veränderungen sind möglich durch unterschiedliche Dichte, Saugfähigkeit und verschiedenen Gerbstoffgehalt der Holzart. Bei den saugfähigeren Weichhölzern fällt der Farbton dunkler aus als bei Harthölzern. Die gleiche Farblösung erzeugt z. B. auf Ahorn einen helleren Ton als auf Buche oder Nußbaum.

Bei der Ablagerung der Farbteilchen wird die Struktur des Holzes undeutlicher. Beim Färben von Nadelhölzern entsteht ein „negatives Farbbild"; die ursprünglich hellen, weichen Jahrringe (Frühholz) nehmen die Farblösung in größerem Maße auf als die harten (Spätholz) und werden deshalb dunkler als diese.

Anwendungsregel für Färben und Beizen:

● alle Hölzer ohne auffallende Struktur färbt man
● alle Hölzer mit auffallender Struktur beizt man

6.4 Beizstoffe

Bei herkömmlichen Beizstoffen unterscheidet man zwischen Farbstoff- und chemischen Beizen. Der Fortschritt auf dem Gebiet der Beizen hat weitere Produkte hervorgebracht, wie Kombinationsbeizen, die eine Mittelstellung zwischen chemischen und Farbstoffbeizen einnehmen, Substratbeizen, die einfärbbare Kunststoffpartikel enthalten, sowie Spezialprodukte mit besonderen Eigenschaften.

6.4.1 Alte Beizen aus Erdfarben

Vor dem Bekanntwerden künstlich hergestellter Beizstoffe war man auf natürlich vorkommende Beizfarben angewiesen. Dazu zählen gebrannte und gemahlene Erdfarben wie Ocker, Umbra, Terra di Siena oder Kasseler Braun. Aus diesen wurde z. B. unter Zusatz eines Extraktes aus grünen, in Fäulnis übergegangenen Walnußschalen die bekannte wäßrige Nußbaumkörnerbeize hergestellt. Erdfarbbeizen bilden einen deckenden Überzug, d. h. sie verschleiern die Holzstruktur. Dies kann durch Zusatz von Teerfarben zum Teil unterbunden werden.

Nußbaumkörnerbeize wird noch gelegentlich angewendet; man kann ihr zur Anfeuerung Kaliumdichromatlösung (5%ig) und Ammoniak zusetzen. Ein „antiker" Ton kann durch Zusatz von schwarzer Teerfarbe erzielt werden.

6.4.2 Farbstoffbeizen

Moderne Farbstoffbeizen enthalten Teerfarbstoffe und Egalisierungszusätze, die eine gleichmäßige Verteilung der Beize auf der Oberfläche und ein tiefes Eindringen ins Holz bewirken. Teerfarben werden aus Steinkohlenteer gewonnen; sie zeichnen sich durch leuchtende Farbkraft und weitreichende Farbvielfalt aus. Saure Teerfarbstoffe sind wasserlöslich; sie finden reiche Verwendung, weil sie meist lichtecht sind und durch Zusatz von Ammoniak und Metallsalzen nicht verändert werden. Basische Teerfarbstoffe sind alkohol- und teilweise wasserlöslich; obwohl weniger lichtecht, bleiben sie doch unentbehrlich zum Beizen und Polieren.

Farbstoffbeizen sind in großer Zahl und für verschiedene Anwendungszwecke im Handel. Die wichtigsten davon sind die Wasser- und Spiritusbeizen, sowie Beizen für bestimmte Hartholzarten. Ferner zählen dazu Öl- und Bleichbeizen und die sogenannten Rustikal-, Antik- und Nebelbeizen. Daneben gibt es wasserfreie Farbstoffbeizen auf Lösemittelbasis. Mit Ausnahme einfacher Spiritusbeizen sind sie sehr lichtecht und beständig gegen verdünnte Säuren und Laugen. Ihre Eindringtiefe ist gering, Wasser erzeugt darauf Flecken. Farbstoffgebeizte Holzoberflächen sind deshalb durch einen widerstandsfähigen Überzug zu schützen.

6.4.2.1 Wasserbeizen

Wasserbeizen kommen meist als Pulver in den Handel („Pulverbeizen"). Sie werden in der Regel in ca. 60° C warmem Wasser gelöst und sind nach dem Abkühlen gebrauchsfertig. Wegen ihrer Lichtechtheit, Farbbrillanz, Farbvielfalt, sowie Beständigkeit gegen verdünnte Säuren und Laugen werden sie in großem Umfang eingesetzt. Moderne Produkte sind nicht gesundheitsschädlich (frei von Metallsalzen) und meist polyesterfest. Spezialprodukte wie z. B. Nußbaum-, Mahagoni-, Palisanderbeizen sind auf die Eigenart der bezeichneten Hölzer abgestimmt und liefern auf diesen und einigen ähnlichen Hölzern besonders schöne Töne.

Farbbeizen werden meist als 5%ige Stammlösungen angesetzt und in metallfreien Gefäßen verschlossen aufbewahrt. Bei höher konzentrierten Lösungen kann nach dem Abkühlen ein Teil des Beizpulvers wieder auskristallisieren und Störungen hervorrufen. Ammoniakzusatz zur Erhöhung der Eindringtiefe ist bei vielen Hölzern möglich (Ausnahme z. B. Kirschbaum), darf aber erst unmittelbar vor der Verwendung der Beize erfolgen, wenn der endgültige Farbton festliegt. Dabei ist zu berücksichtigen, daß Ammoniak gerbstoffhaltige Hölzer bräunt (Probebeizung!). Teerfarbbeizen mit Ammoniakzusatz (9 Vol.-Teile Beize + 1 Vol.-Teil konz. Ammoniaklösung) nennt man auch Ammoniakbeizen.

Grundfarben und Farbmischungen

Gelb, Rot und Blau sind die üblichen Grundfarben, Schwarz ist eine Verdunkelungsfarbe. Durch Mischung dieser Grundfarben und ggf. Schwarz können alle Farbtöne kurzfristig hergestellt werden.

Das Mischen der Farben erfordert Wissen, Umsicht und Übung. Nicht jede Farbe verhält sich bei der Mischung gleich. Die Grundfarbe Gelb ist am leichtesten, Blau am schwersten zu verändern; Blau schlägt bei der Mischung stark durch. Rot wirkt in der Verdrängung der anderen Mischfarbe stärker als Gelb, aber schwächer als Blau. Wenn z. B. ein schöner braunrötlicher Farbton erzielt werden soll, so ist Rot zu Gelb und Blau (oder Schwarz) vorsichtig zuzugeben. Nach der Trocknung würde sonst das Rot zu stark vordrängen und der Ton mehr ins Rötliche als ins Braune gehen. Je nach dem Maße der Zugabe verändert Rot das Gelb von einem leicht ins Rötliche spielenden Gelb bis zu Rotorange.

Entsprechend dem Farbenkreis erhält man aus den Stammlösungen

Rot	+ Gelb		= Orange
Gelb	+ Blau		= Grün
Rot	+ Blau		= Violett
Rot	+ Schwarz		= Dunkelviolett
Rot	+ Gelb	+ Blau	= Braun.

Grün verändert Rot bzw. Rotbraun zu Braun; Orange macht Braun lebhafter; Schwarz dämpft einen zu hellen Farbton. Der Grad der Mischung hängt von der Durchschlagskraft der verwendeten Stammlösung und ihrer Menge ab.
Die folgende Aufstellung gibt einige Hinweise:

fertiger Farbbeizton	Hauptfarbe	Beigabe
olivfarben	Gelb	Blau + Schwarz
Mahagoni	Rot	Gelb + mäßig Blau
rotbraun	Rot	Gelb + Schwarz
hellbraun	Gelb	Rot + Schwarz oder Blau

Diese Aufstellung läßt sich noch vielfach verfeinern und unterteilen. Der Ton der naß aufgetragenen Beize entspricht meist schon dem Ton, den die Oberfläche nach dem Einlassen oder Polieren erhält.

6.4.2.2 Spiritusbeizen

Alkohollösliche Beizen benötigen kurze Trockenzeiten; das bei wäßriger Beize übliche Aufrauhen der Holzoberfläche tritt nicht auf. Daraus ergeben sich Einsparungen an Grundierarbeit und Verkürzung der Schleifzeit. Spiritusbeizen eigenen sich besonders für industrielle Serienfertigung. Sie werden als Pulver oder fertige Lösungen geliefert.

Ältere Produkte auf der Grundlage basischer Teerfarbstoffe erreichen in der Mehrzahl große Schönheit in anfänglich durchschlagender Farbkraft. Sie verblassen aber rasch und eigenen sich nicht für Qualitätsarbeit. Neue handelsmäßige Spiritusbeizen sind sehr lichtecht und in einer Vielzahl von Farbtönungen erhältlich.

Weil Holz die alkoholischen Beizlösungen heftig aufsaugt, fällt es schwer, große Flächen einheitlich zu tönen. Bei alkoholgelösten Überzugsstoffen, z. B. Schellackpolituren, kann durch den darin enthaltenen Alkohol eine Aufhellung des Beiztones erfolgen; bei zu nassem oder zu trockenem Einlassen entstehen Flecken. Alkoholische basische Teerfarben dienen auch zum Färben von Polituren und zum Ausbessern von Beizfehlern nach dem Einlassen.

6.4.2.3 Ölartige Beizen

Ölartige Beizen sind sehr lichtechte Spezialprodukte meist auf Lösemittelbasis, die in zahlreichen Farbtönen oder Sondereffekten, wie „Eiche rustikal", auf dem Markt sind. Ihre Wasserfreiheit verhindert ein Aufstellen der Holzporen und sichert eine problemlose, zuverlässige Verarbeitung mit Pinsel, Spritzpistole oder Walze.

6.4.2.4 Bleichbeizen

Bleichbeizen dienen zum Bleichen und Beizen in einem Arbeitsgang. Sie sind auf wenige Anwendungsfälle beschränkt, z. B. zur einheitlichen Färbung von Nußbaumholz. Wirksamer Bestandteil ist Wasserstoffperoxid, das der Beize vor der Verarbeitung zugesetzt wird; die zugegebene Menge richtet sich nach dem gewünschten Bleicheffekt. Der Auftrag kann mit Kunststoffschwamm, Pflanzenfaserpinsel oder Spritzpistole erfolgen. Augen, Haut und Kleider sind vor Spritzern zu schützen. Auf ausreichende Trocknung ist zu achten.

6.4.3 Chemische Beizen (Zweibeizsystem)

Wie in Kapitel 6.3.1 beschrieben, hat beim chemischen Beizen die Vorbeize die Aufgabe, den sich durch die Reaktion mit den Metallsalzen der Nachbeize entwickelnden Farbstoff chemisch auf der Holzfaser zu verankern. Das Verfahren trägt auch den Namen Zwei- oder Doppelbeizsystem.

Als Vorbeizen eignen sich Gerbstoffe wie Tannin, Brenzkatechin, Pyrogallol, Paramin, als Nachbeizen im allgemeinen Eisen-, Chrom-, Kupfer-, Nickel-, Kobaltsalze. Erst mit der Einwirkung der Metallsalze auf die Vorbeize bildet sich auf der Holzoberfläche der endgültige Beizton aus.

Chemische Beizen liefern auf Nadelhölzern ein positives Beizbild, d. h. die hellen Holzpartien (Frühholz) bleiben hell; bei den harten Jahresringen (Spätholz) vertieft sich die dunkle Farbe und steigert den Kontrast. Auf Laubhölzern, insbesondere Eiche, Esche oder Limba wird ein reines, gleichmäßiges Farb- und Strukturbild erzeugt.

Der Handel liefert Vor- und Nachbeizen in Pulverform und als gebrauchsfertige Lösungen; bei Ansatz und Verarbeitung sind die Herstellerangaben zu befolgen.

Für wenig beanspruchte Flächen, z. B. Deckenpanele, genügt es, der Nachbeize ein Wachskonzentrat zuzusetzen (10%). Die Wachsemulsion entwickelt einen Schutzfilm, der nach dem Trocknen durch Abreiben mit einer Ledereinsatzbürste eine seidenmatte Oberfläche erhält.

Stärker beanspruchte Gegenstände sollen nach einer tonerhaltenden Spezialgrundierung mit Lichtschutz beispielsweise durch einen DD-Lacküberzug geschützt werden.

6.4.3.1 Vorbeizen und ihre Verarbeitung

Bei gerbstoffhaltigen Hölzern wie Eiche und Mahagoni liegt die Annahme nahe, daß der natürliche Gerbstoffgehalt eine Vorbeizung überflüssig machen könnte. Dagegen spricht, daß diese Hölzer ihrer Herkunft nach unterschiedlich gerbstoffhaltig sind. Eichen z. B., die auf silikathaltigem Boden oder Sandstein wachsen, enthalten weniger Gerbstoff als solche, die erdigem oder Kalksteinboden entstammen. Demnach ist es unbedingt erforderlich, daß man Probebeizungen vornimmt, besonders dann, wenn Holz von verschiedenen Stämmen zu zusammengehörigen Arbeitsstücken verwendet wird. Sofern sich hierbei Unterschiede in der Farbe zeigen, muß einheitlich ausgeglichen werden, indem man mit Gerbstoff vorbeizt (Ausgleichsbeizung). Gerbstoff kann jedem Holz zugeführt werden; er wirkt aber je nach Holzart verschieden. Nadelholzbeizen sind stets Doppelbeizen, da Nadelholz wenig oder keinen Gerbstoff hat.

Ansetzen der Vorbeizen

Das nach Herstellerangaben oder eigenem Rezept (z. B. Seite 72) abgewogene Vorbeizpulver wird in deionisiertem (destilliertem) Wasser in metallfreien Gefäßen bei etwa 60° C gelöst. Durch Zugabe von Dextrin (Klebemittel, 30 Gramm je Liter) kann man ein besseres Haften der Vorbeize erreichen und ein Auswaschen bei der Nachbeizung verhindern. (Dextrin wird kalt zu einem klumpenfreien Brei angerührt und dieser in heißem Wasser gelöst, das Beizpulver wird zuletzt eingerührt). Vorbeizen sind vor Gebrauch stets frisch anzusetzen, da sie in Lösung höchstens einen Tag vorhalten.

Vorbeizlösungen sind mit Ausnahme von Paramin farblos. Damit der Beizer eine Kontrolle darüber hat, ob alle Stellen der Oberfläche gleichmäßig erfaßt sind, gibt man der Vorbeizlösung Teerfarbstoffe (gelb, blau oder schwarz) in geringer Menge zu; die Vorbeize erhält dadurch einen fast unmerklichen Farbschimmer. Paramin bildet in Verbindung mit Tannin, Brenzkatechin oder Pyrogallol schöne rotbraune Töne und erübrigt eine Einfärbung.

Auftragen der Vorbeize

Vorbeizen trägt man kalt mit Schwamm oder Pinsel satt auf, damit sich das Holz gleichmäßig vollsaugen kann. Das Auftragen erfolgt in langen Strichbahnen längs der Holzfaser. (Beim Auftragen quer zur Holzfaser läßt die Nachbeize Querstreifen zutage treten). Hierauf wird die Beizlösung mit dem ausgedrückten Schwamm oder Pinsel auf der Oberfläche in langen Zügen wieder längs der Holzfaser gleichmäßig vertrieben. Zum Vertreiben eignet sich auch weiße Putzwolle, die mit der Vorbeizflüssigkeit getränkt und dann ausgedrückt wird. Die so verwendete Putzwolle darf man beim Nachbeizen nicht benützen.

6.4.3.2 Nachbeizen und ihre Verarbeitung

Nachbeizen sind Lösungen von Schwermetallsalzen, z. B. von Kaliumchromat, Kaliumdichromat, Kupferchlorid, Kupfersulfat, verschiedenen Nickelsalzen, Eisenchlorid, Eisensulfat, Kobaltchlorid, die noch Karbonate zur Erhöhung der Wirksamkeit enthalten können. Sie werden in der Regel als 5%ige Stammlösungen mit warmem, deionisiertem Wasser angesetzt. (Bei höheren Konzentrationen kann sich beim Abkühlen ein Teil des Salzes als Bodensatz wieder ausscheiden und Störungen verursachen). Die Nachbeize läßt sich durch Teerfarbstoffe etwas abtönen, der Beizton verliert aber dadurch an Reinheit.

Allen eisensalzfreien Nachbeizen setzt man Ammoniak zu, um den chemischen Umwandlungsvorgang zu beschleunigen und ein besseres Eindringen der Nachbeize zu ermöglichen. Bei eisenhaltigen Beizen jedoch ist dies nicht statthaft, weil sich die

Lösung unter Bildung von Eisenhydroxid bzw. Rost zersetzt. Ebenso ist Ammoniakzusatz bei Kirschbaum und einigen anderen Hölzern verfehlt, da Mißfärbungen entstehen würden.

Eisensulfat ist luftempfindlich und darf erst kurz vor Gebrauch angesetzt werden. Mit dieser Ausnahme sind alle Nachbeizen in verschlossenen Glas- oder Keramikgefäßen fast unbegrenzt haltbar (korrekte Beschriftung, Gefahrenhinweis!).

Die Nachbeize soll bald nach dem Auftrocknen der Vorbeize (6...8 Stunden, bei Hirnholz länger) aufgetragen werden, da die Vorbeize auch auf der Holzfaser wenig haltbar ist und unter dem Einfluß des Luftsauerstoffs etwas nachdunkelt.

Auftragen und Nacharbeiten der Nachbeize

Das Auftragen der Nachbeizen geschieht wie bei den Vorbeizen. Licht- und Wasserfestigkeit der gebeizten Flächen treten nach etwa 24 Stunden ein; die endgültige Tönung zeigt sich erst nach drei bis vier Wochen. Frisch gebeizte Möbelstücke dürfen nicht dem direkten Sonnenlicht ausgesetzt sein, sonst verblaßt der Beizton. Grundsätzlich soll die Beizung nicht im Freien und niemals im Sonnenlicht geschehen, weil sich die Töne sonst weniger kräftig entwickeln.

Beim Doppelbeizsystem zeigt sich nach dem Nachbeizen häufig ein schimmelartiger Belag von ausgeschiedenen Kristallen. Diesen entfernt man mit einer Roßhaarbürste oder mit der Beizglättbürste, die zwischen den Borsten Lederstreifen hat. Es empfiehlt sich, die glatten Beizflächen nach Trocknung der Nachbeize mit feinem Schleifpapier ohne Klotz ausgiebig zu schleifen und mit Roßhaar oder mit einer Roßhaarbürste nachzureiben. Dadurch kommt der Beizton erst zu seiner vollen Wirkung.

6.4.3.3 Rezeptbeispiel

Obwohl heute meist käufliche Präparate verwendet werden, sei als Beispiel eine zum Selbstansatz geeignete Beizrezeptur angegeben:

Helles Braun:	Vorbeize:	5 g Tannin, 1 g Paramin
	Nachbeize:	0,3 g Kaliumdichromat, 0,5 g Kupferchlorid
Dunkles Braun:	Vorbeize:	15 g Tannin, 3 g Paramin
	Nachbeize:	10 g Kaliumdichromat, 2 g Kupferchlorid

Die angegebenen Mengen sind in je ½ Liter deionisiertem (destilliertem) Wasser einzeln zu lösen und dann zu mischen; man erhält je 1 Liter Vor- und Nachbeize.

6.4.3.4 Arbeitsregeln für das chemische Beizen

Bei der Verarbeitung chemischer Beizen gelten folgende Regeln:

● Strukturbelebte Oberflächen (Seite 61) ergeben stets dunklere Farbtöne als glatte, weil ihre Saugkraft größer ist. Deswegen müssen in solchen Fällen die Vorbeizlösungen je nach dem Grad der Aufrauhung schwächer angesetzt werden (Beizprobe!).

● Den als Vorbeizen verwendeten Gerbstoffen darf man niemals Ammoniak zugeben.

● Vorbeizen sind untereinander mischbar.

● Gerbstoffe und alle Materialien, die zum Vorbeizen dienen, werden erst kurz vor Gebrauch aufgelöst, weil sie sich in Lösung rasch zersetzen; nach 24 Std. haben sie nur mehr einen Bruchteil ihrer Wirksamkeit. Ebenso zerstörend wirken Metallgefäße und eisengefaßte Pinsel.

● Bei Arbeiten in Neubauten, z. B. an Einbaumöbeln, ist darauf zu achten, daß keine Vorbeizspritzer auf Holzteile kommen, die mit Ölfarbe gestrichen oder lackiert werden sollen. Lackanstriche trocknen auf Vorbeize nicht; gegebenenfalls sind Vorbeizspritzer mit warmer Sodalösung abzuwaschen.

● Steinfliesen und Marmorplatten müssen vor Beginn der Beizarbeit gut abgedeckt werden (Plastikfolie, Packpapier), weil jede chemische Beize hierauf Flecken verursacht, die sich durch einfaches Abwaschen nicht mehr entfernen lassen und ein Abschleifen erforderlich machen.

Trotz aller Sorgfalt beim Anrichten einer Beize kann der Beizton auf dem fertigen Gegenstand anders ausfallen als auf dem Probebrettchen. Der Grund für solche Unterschiede liegt meist darin, daß man beim Beizmuster wohl gut naß beizt, aber zu früh vertreibt. Größere Flächen erfordern mehr Zeit zum Auftragen, wodurch die Beize tiefer eindringen kann, ehe man zum Vertreiben kommt. Dadurch wird auf dem Beizobjekt der Ton dunkler als auf dem Probestück. Es ist deshalb notwendig, die Beize auf dem Musterbrettchen ebensolang einsaugen zu lassen wie auf dem zu beizenden Gegenstand. Nach dem Vorbeizen darf die Fläche unter keinen Umständen geschliffen werden, auch dann nicht, wenn infolge ungenügender Vorbehandlung die Fläche aufrauhen sollte. Beim Abschleifen würde ein großer Teil der aufgetragenen Gerbsäure wieder weggearbeitet werden, so daß sich nach dem Nachbeizen helle Stellen zeigen.

Gefahrenhinweis: Chemische Beizen können giftige Schwermetallsalze enthalten. Darauf ist bei der Kennzeichnung, Lagerung und Verarbeitung zu achten.

6.4.3.5 Schwarzbeizen

Schwarz wird für bestimmte Zwecke verlangt. Einen löslichen, absolut schwarzen Farbstoff zum Ansetzen einer Schwarzbeize gibt es nicht. Farbstoff-Schwarzbeizen haben stets einen bestimmten Farbstich. Nur Ruß (feinste Kohlenstoffpartikel) ist tiefschwarz; damit angesetzte Beizen verdecken aber die Holzstruktur teilweise. Der Handel liefert Schwarzbeizen auf Farbstoff- und Rußbasis. Zum Eigenansatz wasserfester, chemischer Schwarzbeizen eigenen sich folgende Rezepturen:

Vorbeize: 5%ige Paraminlösung
Nachbeize: a) 150 ml Wasserstoffperoxid 30%ig, 830 ml Wasser,
                   20 ml konzentrierte Ammoniaklösung
oder   b) 200 ml 10%ige Kaliumdichromatlösung
                   200 ml 10%ige Kupfersulfatlösung
                   20 ml 30%ige Essigsäure
                   600 ml deionisiertes Wasser.

Die Salze werden getrennt in Wasser gelöst, die Lösungen zuletzt mit den übrigen Bestandteilen gemischt. Die Nachbeize wird auf die noch feuchte Vorbeize aufgetragen; die Schwarzfärbung entsteht durch Oxidation.

Eine säure- und laugenfeste Schwarzbeizung, z. B. für Labortische, erhält man wie folgt:

Die Vorbeize aus 100 Gramm Anilin-Hydrochlorid und 40 Gramm Kupferchlorid (in je $\frac{1}{2}$ Liter heißem Wasser gelöst und dann gemischt), wird heiß aufgetragen. Nach einer Trockenzeit von 24 Stunden (Grünfärbung) beizt man mit 5%iger Kaliumdichromatlösung zur Ausbildung der Schwarzfärbung nach. Geeignete Überzugspräparate, z. B. Leinölfirnis oder Polituren, vertiefen die Färbung. Sie müssen frei von Eigenfärbung oder Vergilbung sein, sonst treten Farbstriche auf.

6.4.3.6 Einkomponentenbeizen

Auf dem Markt werden chemische Einkomponentenbeizen angeboten, die Vorbeize, Entwicklungspigmente und Farbe vereint enthalten. Sie sind einem begrenzten Einsatzgebiet vorbehalten, z. B. eignen sie sich zur Erzeugung von Positivbeizbildern auf strukturbelebten Weichhölzern. Sie sind sehr lichtecht und rasch zu verarbeiten. Der Auftrtag kann mit Pinsel oder Spritzpistole erfolgen. Die Entwicklungszeit beträgt mehrere Stunden; sie darf nicht durch Wärmezufuhr oder Luftbewegung beschleunigt werden. Modere Produkte sind geruchlos und frei von Giftstoffen.

6.4.3.7 Beizung durch Reaktion mit Ammoniak („Räuchern")

Unter der Einwirkung des Ammoniaks tritt eine Tönung des Holzes ein, die darauf beruht, daß der natürliche, im Holz enthaltene oder künstlich aufgebrachte Gerbstoff in Gegenwart von Ammoniak leicht an der Luft oxidiert. Je höher der Gerbstoffgehalt des Holzes und die Ammoniakkonzentration im Räucherraum sind, desto rascher tritt die Tönung ein und desto tiefer wird sie. Für leichte Töne genügen 2 bis 6

Stunden Entwicklungszeit, für mittlere Töne 6 bis 12 Stunden, während für dunkle Töne 24 bis 36 Stunden notwendig sind. Das Räuchern erzeugt nur den sogenannten „Räucherton", d. i. ein Alterston von Graubraun bis Dunkelbraun. Der Gefahr einer wechselnden Tönung bei unterschiedlichem Gerbstoffgehalt des Holzes wird dadurch begegnet, daß man die Werkstücke vor dem Räuchern mit Gerbsäure gleichmäßig einstreicht (s. Seite 70) oder daß man nach dem Räuchern dunkle Stellen mit 3%iger eisenfreier Salzsäure aufhellt, helle Streifen aber mit einer Tarninlösung nachbeizt; diese Korrektur erfordert großes Können.

Dünne Furniere, insbesondere Eichenfurniere, eignen sich nicht zum Räuchern, weil Ammoniak bis zur Leimschicht durchdringen und sie zerstören kann.

Der Räucherton ist reibfest, aber nicht wasserfest.

Vor dem Räuchern werden alle Metallteile entfernt, sonst treten Flecken auf. Innenflächen, die nicht gebräunt werden sollen, läßt man mit Zellulosepräparaten ein oder bleicht sie nach dem Räuchern mit Kleesalzlösung. Das Räuchern erfolgt freistehend in einer gut verschlossenen Räucherkammer, wo man Ammoniaklösung (100 ml je m^3 Raum) in flachen, metallfreien Gefäßen abdunsten läßt. Die geräucherten Gegenstände stellt man 3 bis 4 Stunden an die frische Luft (nicht ins Freie!); dabei entweichen die noch anhaftenden Gase und bildet sich der endgültige Farbton aus. Für Nadelhölzer gibt es noch eine andere Art des Räucherns, die darin besteht, daß vor dem Räuchern Metallsalze als Vorbeizen aufgetragen werden. Der dadurch hervorgerufene Ton verfeinert und vertieft sich beim Räuchern. Wenn man z. B. Fichtenholz mit einem Gemisch aus gleichen Teilen je 2%iger Kupfer- und Eisenchloridlösung vorbeizt, so entsteht dadurch zunächst ein grünlich-gelber Ton und die Holzstruktur tritt nicht klar hervor. Durch das anschließende Räuchern wird dieser Ton in ein schönes, mattes Silbergrau gewandelt, wobei die Struktur des Holzes in ihrer natürlichen Schönheit zum Ausdruck kommt.

Der Räucherton wirkt bei matter Fläche am schönsten. Darum sollen Präparate, die glänzende Flächen erzeugen, nach dem Räuchern nicht zur Verwendung kommen. Geeignet sind Mattierung, Politur, verdünnte Zellulosepräparate und Wachs. Am besten aber ist flüssiges Wachs, das mit einem Lappen verrieben wird; es läßt sich rasch auftragen und gleichmäßig verteilen. Mattierung beeinträchtigt unter Umständen die Schönheit des Räuchertones, weil er durch sie einen Stich ins Gelbliche bekommt.

6.4.4 Kombinationsbeizen

Kombinationsbeizen sind farbstoffhaltige chemische Beizen. Die chemische Komponente bewirkt eine tiefe Verankerung auf der Holzfaser und eine Hervorhebung der Holzstruktur, der Farbstoff liefert intensive und abstimmbare Farben. Kombinationsbeizen finden vorwiegend bei gerbstoffhaltigen Hölzern wie Eiche, Nußbaum, Mahagoni usw. Anwendung.

6.4.4.1 Räucherbeizen

Räucherbeizen haben nichts zu tun mit dem „Räuchern" von Holz mit Ammoniak (Seite 74). Sie enthalten lichtechte Farbstoffe und Metallsalze. Ammoniakzusatz bewirkt ein tieferes Eindringen, ist aber z. B. bei Kirschbaum wegen auftretender Mißfärbungen nicht zulässig.

Räucherbeizen werden in der Möbelindustrie viel gebraucht, da sie widerstandsfähig gegen Abnutzung sind und sich auch für Außenarbeiten eignen. Es ist jedoch stets ein Schutzüberzug erforderlich, der der zu erwartenden Beanspruchung angepaßt ist.

Spezialprodukte sind auf die Eigenart bestimmter Hölzer, z. B. Eiche, abgestimmt und erzielen dort eine besondere Belebung der Holzstruktur in zahlreichen Farbtönen.

Bei Ansatz und Verarbeitung sind die Herstellerangaben zu befolgen; in der Regel wird mit Pinsel oder Schwamm aufgetragen, Spritzauftrag bleibt Sonderfällen vorbehalten. Während der Verarbeitung muß öfter umgerührt werden. Forciertes Trocknen ist zu vermeiden, damit sich der Farbton vollständig entwickeln kann.

Bei Selbstherstellung von Räucherbeizen setzt man Teerfarbstoffe und Metallsalze (Kaliumchromat, Kaliumdichromat, Kupferchlorid, Kupfersulfat, Nickelsulfat) in 5%igen Stammlösungen an. Durch Mischen von Stammlösungen und Zusatz von Ammoniak ist jede gewünschte Räucherbeize kurzfristig herstellbar. Nach Ablauf der Entwicklungszeit (etwa 12 Stunden) kann man das Arbeitsstück mit einem Zellulosepräparat einlassen und mit Roßhaar abreiben. Dadurch entsteht ein seidenmatter Ton. Zur Erzielung eines erhöhten Glanzes trägt man eine nicht zu starke Mattierung oder Politur auf und reibt mit Roßhaar und einem weichen Lappen nach.

Gefahrenhinweis: Räucherbeizen können giftige Schwermetallsalze (z. B. Chromate) enthalten. Darauf ist bei der Kennzeichnung, Lagerung und Verarbeitung zu achten (Hinweise des Herstellers!).

6.4.4.2 Wachs-Metallsalzbeizen

Wachs-Metallsalzbeizen ähneln in ihrer Zusammensetzung den Räucherbeizen, enthalten aber zusätzlich noch emulgiertes Wachs. Sie können nicht mit Lackpräparaten (höchstens mit verdünnter Mattierung) gegen Abrieb und Verkratzen geschützt werden, da diese auf Wachs nicht haften.

Der Handel liefert Wachsbeizen in flüssiger Form gebrauchsfertig. In der Regel sind sie mit Räucherbeizen desselben Herstellers mischbar, so daß Zwischentöne erzielt werden können. Wie die Räucherbeizen sind die chemischen Wachsbeizen vielfach auf die Eigenart bestimmter Holzsorten abgestimmt und erzielen dort besonders ausgeprägte Effekte.

Wachsbeizen finden dort Verwendung, wo der Einfachheit und des Preises wegen auf einen dauerhaften Schutz verzichtet wird. Durch einen Überzug mit Hartwachs

o. ä. können sie etwas beständiger gemacht werden, sind aber auch dann nicht stabil gegen Wasser und andere Flüssigkeiten. Durch einfaches Bürsten läßt sich ein feiner Seidenglanz erzielen. Vorwiegende Einsatzgebiete sind Schnitzereien, Holzdecken, Renovierung gewachster Holzflächen usw.

Die Eigenherstellung chemischer Wachsbeizen kann in besonderen Fällen Vorteile bringen oder notwendig sein. Zur Vorbeizung behandelt man mit Gerbsäure. Die Nachbeize enthält verseiftes Wachs und Metallsalze.

Diese Art der Beizung kann z. B. auf Nadelhölzern schöne Töne hervorrufen. Sollen helle gelbe, bräunliche oder rötliche Töne erzeugt werden, so nimmt man Tannin oder sehr verdünnte Pyrogallol-Lösung zum Vorbeizen. Graubraune Töne entstehen mit Gallussäure allein oder im Gemisch mit Pyrogallol. Brenzkatechin rein oder in geringem Maße gemischt mit Gallussäure, Tannin oder Pyrogallol, ergibt eine silbergraue Tönung. Entsprechend der gewünschten hellen bis dunklen Tönung werden die Vorbeizen in schwacher oder starker Lösung aufgetragen, d. h. in Lösungen von 5 bis 50 Gramm reinem Gerbstoff auf 1 Liter Wasser.

Zur Zubereitung der Wachsseife, die den übrigen Komponenten zugesetzt wird, erhitzt man 250 ml deionisiertes Wasser bis fast zum Sieden und gibt vorsichtig 30 ml konzentrierte Ammoniaklösung zu. 40 Gramm geschmolzenes Bienenwachs werden in das heiße Ammoniakwasser unter Umrühren eingeträufelt. Die so angesetzte Menge ist ausreichend für 3 Liter Beize. Die erkaltete Wachsseife ist unter gutem Verschluß jahrelang haltbar.

Zum Ansetzen der Wachsbeize rührt man 100 ml Wachsseife mit 1 Liter der vorbereiteten Nachbeize zusammen.

Vor dem Gebrauch sind die Wachsbeizen kräftig zu schütteln, da sie keine Lösungen, sondern Emulsionen sind (Seite 22). Wachsbeizen können kalt oder warm aufgetragen werden. Bei warmem Auftrag muß man die Beizemulsion gleichmäßig temperiert halten, damit die Tönung über die gesamte Fläche hinweg einheitlich wird. Der Auftrag erfolgt mit dem Pinsel längs der Holzfaser. Hierauf verteilt man mit dem Vertreiberpinsel sorgfältig zuerst quer, dann längs.

Gefahrenhinweis: Wachs-Metallsalzbeizen können giftige Schwermetallsalze enthalten. Darauf ist bei der Kennzeichnung, Lagerung und Verarbeitung zu achten (Hinweise des Herstellers!).

6.4.4.3 Dispersionsbeizen

Dispersionsbeizen sind als sogenannte „Kratzfest-Beizen" in flüssiger, gebrauchsfertiger Form im Handel. Sie enthalten Kunststoffdispersionen und aktive Benetzungshilfen. Geeignet sind Dispersionsbeizen zur Intensivbeizung fast aller Hölzer (Ausnahme: Exoten mit störenden oder schwitzenden Inhaltsstoffen); man erhält auf glattem und grobporigem sowie strukturbelebtem Holz gute, weitgehend lichtechte

Beizeffekte. Vorwiegend Handwerksbetriebe machen von diesen Vorteilen Gebrauch.
Dispersionsgebeizte Flächen müssen einen Schutzlacküberzug erhalten; fast alle gängigen Präparate sind dazu geeignet. Für Außenanwendung kommen Dispersionsbeizen nicht in Frage.

6.4.5 Substratbeizen

Substratbeizen enthalten neben üblichen Beizchemikalien und Farbstoffen noch feinkörniges Kunststoffpulver, das Substrat. Dieses färbt sich selbst im Beizton ein und verankert sich im Holz. Damit entsteht ähnlich wie bei den Dispersionsbeizen eine leicht deckende Schicht.
Substratbeizen kommen als wasserlösliche Pulver oder fertige Lösungen in den Handel. Hervorstechende Eigenschaft ist ihre vorzügliche Porenbeizung, die sie für grobporige Hölzer wie Eiche, Esche, Ramin, Limba, Abachi usw. besonders geeignet macht. Auch mineralische Ablagerungen und leichte Leimdurchschläge in den Poren werden etwas überdeckt. Weitere Vorteile sind gute Deckkraft, ebenmäßiges Beizbild, leichte Verarbeitbarkeit. Der Auftrag kann in bekannter Weise durch Beizpinsel oder Spritzpistole erfolgen. Als Schutzüberzüge kommen die üblichen Grundierungen bzw. Lackierungen in Frage. Das Einsatzgebiet für Substratbeizen reicht weitgespannt von der Möbelherstellung zum modernen Innenausbau (Türen, Verkleidungen, Geschäfts- und Ladenausbau usw.).

6.4.6 Kalkeffekt („Eiche gekalkt")

„Eiche gekalkt" bedeutet nicht mit Kalkmilch gebeiztes Eichenholz (dieses wäre graubraun). Beim Kalkeffekt handelt es sich um eine weiße oder getönte Porenfüllung, die besonders bei stark porigen Hölzern mit klarem Strukturbild (Esche, Rüster, Wenge usw., vorwiegend aber Eiche) eingesetzt wird. Aber auch bei feinporigen Arten wie Nußbaum oder Kastanie und bei geschnitztem oder geschruppten Nadelholz wird ein guter Kalkeffekt erzielt.
Der Fachhandel bietet eine Vielfalt von Spezialpräparaten an, die auf rohem und gebeiztem Holz anwendbar sind. Eine sorgfältige Vorbehandlung des Holzes (sauberer Schliff, Wässern und Feinschleifen), gewissenhaftes Ausbürsten der Poren (Bronzedraht- oder Perlonbürste) und gründliches Entstauben sind Vorbedingung für guten Erfolg. Über anwendbare Beizen, die keine Farbstoffe an die Kalkpräparate abgeben dürfen, gibt der jeweilige Hersteller Auskunft. Stark farbhaltige (schwitzende) tropische Hölzer, z. B. Palisander, Makassar, Wenge können mit verdünntem DD-Lack grundiert werden (vgl. Seite 123).
Die Kalkpräparate werden mit einem weichen Lappen quer zur Faser aufgetragen und tief in die Poren eingerieben; nach einer Trockenzeit von wenigen Stunden wird der Überschuß abgerieben oder abgeschliffen. Danach ist ein weiterer Überzug

möglich. Zum Selbstansetzen eines Kalkpräparates für naturfarbige Eiche eignet sich ein Brei aus Lithopon und verdünntem Hartgrund (1 : 3).

6.4.7 Zusatzfarbstoffe

Für die meisten Sorten von Beizen bietet der Fachhandel sogenannte Nuancier- und Abtönbeizen an, die ein einfaches Abtönen oder Aufhellen der Beizen ermöglichen.

6.5 Die Technik des Beizens

6.5.1 Beizräume

Das Beizen darf nur in warmer und trockenen Räumen erfolgen, weil durch Kaltluft dem Holz Feuchtigkeit zugeführt und dadurch seine Aufnahmefähigkeit für Beizen verringert wird. Werkstücke, die aus der Kälte in die warme Werkstatt kommen, müssen Zeit zum Anpassen an die Raumtemperatur haben, damit sich die Poren öffnen und die Beize gut eindringen kann. Andernfalls zeigen sich nach dem Beizen und Einlassen weiße Flecken.

6.5.2 Geräte und Hilfsmittel zum Beizen

Beizgefäße sollen aus Glas, Keramik oder Kunststoff sein. Eisengefäße zerstören fast alle Beizen. Trockene Chemikalien und Teerfarbstoffe bewahrt man in weithalsigen Flaschen mit Schraub- oder Glasverschluß auf. Zum Schutz lichtempfindlicher Stoffe dienen dunkle Gläser oder lichtundurchlässige Schränke. Getränkeflaschen sind als Behältnisse für Beizstoffe usw. wegen der Verwechslungsgefahr verboten. Alle Gefäße müssen genau, gut leserlich und haltbar beschriftet sein. Gefährliche, ätzende oder gesundheitsschädliche Stoffe werden zusätzlich durch entsprechende Gefahrensymbole gekennzeichnet. Wichtig ist im Beizschrank die Ordnung nach der Art der Materialien, so daß eine rasche und genaue Übersicht (Chemikalien – Stammlösungen – pulverförmige Beizstoffe – Beizgeräte usw.) möglich ist. Wasserstoffperoxid und Ammoniak dürfen auch in geschlossenen Gefäßen nicht im Beizschrank aufbewahrt werden, weil austretende Dämpfe die übrigen Beizchemikalien verändern[1]. Nach Gebrauch sind Beizgefäße gründlich zu reinigen.

---

1) Hierzu ein Fall aus der Praxis: Mit Paramin vorgebeizte und noch feucht mit Wasserstoffperoxid nachgebeizte Brettchen wurden noch feucht in einen Schrank gestellt; in diesem lagerten Musterbrettchen die schon vor längerer Zeit mit Brenzkatechin und Pottasche gebeizt waren. Nach etwa 5 Wochen wählte ein Kunde für eine Wandvertäfelung den mit Brenzkatechin und Pottasche erzeugten Beizton aus. Die nach Rezept ausgeführten Beizungen stimmten jedoch mit dem Musterton nicht überein. Unter dem Einfluß der Wasserstoffperoxiddämpfe war das lagernde Beizmuster stark nachgedunkelt. Den gewünschten Beizton erbrachte erst das Nachbeizen der Vertäfelung mit 15%igem Wasserstoffperoxid.

Der Schwamm eignet sich zum Auftragen der Beize, besonders bei großen Flächen. Nach jeder Benützung muß er gut mit heißem Wasser ausgewaschen werden. Kaltes Wasser entfernt die Farbstoffe aus dem Schwamm nie ganz, so daß Farbreste zurückbleiben, die neue Beizen verändern würden. Am besten sind Naturschwämme.

Das geeignetste Werkzeug zum Auftragen und Verteilen der Beize ist der *Pinsel* in der Form des Ring- und des flachen Vertreiberpinsels. Pinsel dürfen weder Eisendrahtbindungen noch Blechzwingen haben, weil sonst bei metallempfindlichen Beizen Flecken auf dem Holz entstehen. Sogenannte „Hechtpinsel" mit geschliffenen Borsten sind die besten. Zum Vor- und Nachbeizen soll je ein eigener Pinsel (bzw. Schwamm) benützt werden. Das Reinigen der Pinsel geschieht mit warmem Wasser.

Von der billigen *Putzwolle* ist nur weiße geeignet; sie darf nur einmal verwendet werden.

Die *Einschleifbürste* mit Messing- oder Bronzedrähten ermöglicht eine gründliche Entfernung des Schleifstaubes aus den Poren und damit ein tieferes Eindringen der Beize in diese. Die *Glättbürste* (mit Borsten und Lederstreifen) beseitigt die nach dem Beizen auftretenden Kristallausblühungen (flimmernde Kristalle) ohne Splitterwirkung; ihre Lederstreifen glätten vorzüglich.

Zum Auflegen des Werkstücks benötigt man einen *Schragen oder Lattentisch*. Lattentische mit nach oben abgerundeten oder zugespitzten Latten haben den Vorteil geringer Berührungsflächen und guter Ablaufmöglichkeit für überschüssige Beizlösungen.

Folgende *Kleingeräte* werden laufend für den Ansatz von Beizen gebraucht: Feinwaage, Meßzylinder oder Mensurgläser, Reagenzgläser, Gas-, Spiritus- oder Elektrokocher, Kunststofflöffel, Glasstäbe zum Verrühren der flüssigen Beizen, Gummi- oder Kunststoffhandschuhe, Reinigungsmittel.

Wichtig ist noch das *Rezeptbuch*; bei dessen Führung muß ebenso gewissenhaft verfahren werden wie bei der Mengenmessung der Materialien mit Feinwaage und Meßzylinder. Beizen sozusagen aus dem Handgelenk und ohne genaue Aufschreibung der Mengenverhältnisse herzustellen, ist verfehlt, weil sie nicht wiederholt werden können (Nachbestellungen!).

Besonderes Augenmerk ist auch dem zum Beizansatz verwendeten *Wasser* zu schenken. Da hartes Leitungswasser viele Beizen schlecht löst und Störungen verursachen kann, soll grundsätzlich deionisiertes bzw. destilliertes Wasser (Seite 43), benutzt werden. Nur im Notfall sollte man auf abgekochtes Leitungswasser zurückgreifen. Regenwasser ist meist durch Schmutzteilchen verunreinigt und daher zum Ansatz von Beizen ungeeignet.

Der Handel bietet fertige Beizen in großer Zahl an. Jeder Schreiner aber sollte in der Lage sein, Beizen selbst zuzurichten, weil er dadurch einen besseren Blick für die Möglichkeiten der Oberflächenveredelung bekommt als derjenige, der die Beizen lediglich nach Fabrikanweisung verwendet und nicht zu eigenen technischen Einsichten gelangt.

6.5.3 Auftragen der Beize

6.5.3.1 Auftragen mit Pinsel oder Schwamm

Die Beize läßt sich kalt, warm oder siedend auftragen. Im letzten Fall können jedoch infolge des allmählichen Erkaltens der Beize während des Auftragens ungleichmäßige Töne entstehen. Auf waagrechte Flächen wird die Beize mit einem Pinsel oder Schwamm in der Richtung der Faser Strich neben Strich so satt aufgesetzt, daß sie die ganze Fläche gleichmäßig erfaßt. Mit dem Vertreiberpinsel vertreibt man dann die Beize quer, damit sie tief in die Poren eindringt; schließlich streicht man längs der Holzfaser aus. Querauftrag zu Beginn der Beizung führt zu strichartigen Ansätzen, die nicht mehr zu beseitigen sind. Senkrecht stehende Flächen streicht man von unten nach oben ein; beim Arbeiten in umgekehrter Richtung besteht die Gefahr, daß sich durch Spritzer und Rinnsale Flecken bilden, deren Ausgleich sehr schwer ist. Aus demselben Grunde werden durchgehende Friese in Längsrichtung ohne Absetzen gebeizt. Bei größeren Flächen sollen zwei Beizer in der Weise zusammenwirken, daß der eine die Beize aufträgt und der andere sie sofort verteilt.

Eine besondere Bearbeitung verlangt das Beizen von Hirnholz. Dieses saugt mehr Beize ein als Langholz, so daß es einen dunkleren Ton aufweisen würde. Um dies zu vermeiden, näßt man das Hirnholz vor dem Beizen mit Wasser ein und sättigt es dadurch schon in gewissem Maße mit Feuchtigkeit, weshalb die Beize nicht mehr so stark eindringt. Statt dessen kann man auch das Querholz sehr satt beizen und die überschüssige Flüssigkeit mit einem trockenen Schwamm oder Vertreiberpinsel rasch entfernen, damit sie nicht weiter einzieht.

Es ist ratsam, alle zusammengehörenden Werkstücke jeweils in einem Zug mit der reichlich bemessenen Lösung am selben Tag und im gleichmäßig temperierten Raum zu beizen. Andernfalls könnten sich starke Abweichungen im Farbton ergeben, was auch geschehen kann, wenn mehrere Personen an getrennten Werkstücken die Beizung vornehmen. Bei Gegenständen ferner, an denen Massivholz oder Hautleimfurnierungen neben kauritverleimten Furnieren stehen, zeigt sich aufletzteren ein hellerer Ton, da das Furnier infolge des wasserfesten Kauritgrundes die Beize in geringerem Maße aufnimmt. Deshalb muß für kauritverleimte Flächen der Beizton dunkler genommen werden.

Zu beachten ist ferner, daß von länger (z. B. über Nacht) offenstehenden Beizen ein Teil des Wassers verdunstet, wodurch sie konzentrierter werden und einen dunkleren Ton liefern. Zudem verändern sich viele Beizen unter dem Einfluß des Luftsauerstoffs, oder sie nehmen aus der Luft bzw. durch eingetragenen Holzstaub Bakterien und Fremdstoffe auf, die die Beize zerstören. Beizreste daher keinesfalls in die Vorratslösung zurückgießen, sondern wegschütten!

6.5.3.2 Auftrag durch Spritzen

Die Technik des Spritzauftrages ist in Abschnitt 11 genau beschrieben. Die mit der Beize in Berührung kommenden Teile der Spritzpistole müssen aus Kunststoff oder Edelstahl sein; sonst kommt es zu Korrosion und zu Zerstörung der Beize. Gewöhnlich arbeitet man mit 2,5 bar Überdruck; die meist dünnflüssigen Beizen erfordern kleine Düsenweiten bis maximal 2,5 mm. Bei der zum Schattieren von Flächen, z. B. von Stilmöbeln, oft angewandte Technik des „Nebelns" (Düsenweite 0,8 mm) sprüht man die Beize in kreisender Bewegung der Spritzpistole auf das Werkstück auf, wobei man Mitte und Rand unterschiedlich stark benebelt und damit eine Farbabstufung erzielt.

6.5.3.3 Maschineller Auftrag

In der Industrie werden Beizen auch durch Tauchen, Walzen usw. aufgetragen; diese Techniken sind ebenfalls in Abschnitt 11 beschrieben.
Die Beizmaschine für Walzauftrag ähnelt der entsprechenden Anlage zur Lackbeschichtung. Bei der Beizauftragmaschine entstaubt eine Metallbürste zunächst das Werkstück. Die darauffolgende Auftragswalze kann je nach Art des Holzes und der Beize aus glattem oder Moosgummi sein. Die übertragene Flüssigkeitsmenge (10...60 g/m^2) wird durch die Spaltbreite zwischen Auftrags- und Dosierwalze bestimmt. Eine nach der Auftragswalze angeordnete Vertreiberbürste vertreibt die Beize, drückt sie in die Poren und beseitigt den Überschuß. Zuletzt wird mit der Wischwalze oder dem Wischband egalisiert.
Zum Tauchen mit sogenannten Tauchbeizen eignen sich nur einfach geformte Werkstücke ohne Löcher usw.. Nach dem Tauchen läßt man überschüssige Beize abtropfen und egalisiert den Beizauftrag nach wenigen Minuten.

6.5.4 Trocknung

Je langsamer eine Beize auftrocknet, desto tiefer dringt die Flüssigkeit in die Holzfasern ein und umso kräftiger und haltbarer wird der Beizton. Ofen- und Sonnentrocknung ist ungünstig; Sonnenlicht schädigt insbesondere Vorbeizen. Wenn vor der vollständigen Trocknung der Beize ein Überzugspräparat aufgetragen wird, entstehen graue Flecken. In diesem Falle muß der Überzug wieder abgenommen werden, unter Umständen ist neues Beizen und Einlassen notwendig.

6.5.5 Beizprobe

Die Beizprobe steht am Beginn jeder Beizung. Der vorsichtige Meister wird in jedem (!) Falle eine Probebeizung vornehmen und als Musterholz das gleiche Holz verwenden, aus dem er den Gegenstand fertigt. Wenn z. B. das Werkstück ausgewaschen, gebleicht oder entharzt werden muß, so behandelt man das Muster ebenso. Brettchen mit Beizproben oder Musterkarten von Fabrikaten gehören nicht in die Beizwerkstatt, weil dort fast immer vorhandene Spuren von Ammoniak den Farbton auch bei Lackabdeckung verändern.

7. Überzugsstoffe auf natürlicher Basis und ihre Anwendung

Die in der Schreinerei gebräuchlichen Überzugsstoffe sind Öle, Wachse, Firnisse, Lasuren, Lacke. Einwandfrei hergestellte Überzüge bedeuten eine Veredelung der Holzoberfläche; sie
- bilden auf Holz eine glatte, leicht zu säubernde Schicht,
- schützen es vor Abnützung, Feuchtigkeits- und Wettereinflüssen,
- heben seine Zeichnung hervor und
- verleihen ihm (mehr oder weniger) Glanz.

Voraussetzung für solche veredelnde Wirkungen eines Überzuges ist, daß er sich dem arbeitenden Holz elastisch anpaßt und fest auf ihm haftet.

Entscheidend für die Wahl des Überzuges sind die Holzart, die Eigenart des Holzes (z. B. grob- oder feinporig), die Vorbehandlung mit Beizen und vor allem die zu erwartende Beanspruchung (Außen- oder Innenarbeiten, Möbel, Vertäfelungen, Decken, Kassetten usw.). Man muß also entscheiden, welcher Überzug möglich, zweckmäßig oder notwendig ist. So kann z. B. für chemisch gebeizte Gegenstände unter Umständen ein einfacher Überzug ausreichen, bei Eiche, Esche oder Ulme wäre etwa das Polieren geradezu naturwidrig.

7.1 Leinöl

Leinöl ist das aus dem Samen des Flachses gepreßte Öl. Es erzeugt einen einfachen Überzug und ist für Rohholz und einfach gebeiztes Holz gut verwendbar. Dem Holz verleiht es einen glanzlosen, schönen warmen Ton. Möbel, Decken und Vertäfelungen aus Zirbelkiefer läßt man mit Vorliebe mit Leinöl ein. Es braucht jedoch Wochen zum Trocknen. Bei mehrmaligem Ölen müssen die vorhergehenden Anstriche gut trocken sein, weil sonst die nachfolgenden klebrig bleiben. Das Öl wird mit einem Wollappen heiß in gut trockenes Holz eingerieben.

7.2 Wachse

Man kennt tierische, pflanzliche und mineralische Wachse. Das *Bienenwachs* zählt zu den tierischen Wachsen. Seine natürliche Farbe ist hellgelb bis braunrot; durch Bleichen kann es sehr hell werden. Es schmilzt bei etwa 60° C und ist knetbar.

Karnaubawachs entstammt den Blättern der Wachspalme, ist also pflanzlichen Ursprungs. Bei etwa 85° C schmilzt es, ist härter als Bienenwachs („Hartwachs") und gelbgrünlich oder grau gefärbt.

Von den mineralischen Wachsen sind *Zeresin oder Erdwachs* (Schmelzpunkt 40...80° C) und *Montanwachs* (Schmelzpunkt 70...90° C) bedeutsam, die aus Erdöl bzw. Braunkohle gewonnen werden und die Basis für sehr harte, glanzbildende Industriewachse sind.

Wachs verleiht dem Holz einen stumpfen, zarten und seidenartigen Mattglanz. Der Überzug ist jedoch nicht wasser-, hitze- und kratzfest. Gewöhnlich trägt man deshalb auf das Holz nach dem Einwachsen schwache Schellackmattierung oder -politur auf. Bei zu starkem Wachsauftrag ist jedoch deren Haftfestigkeit beeinträchtigt; sie kann durch Harzzusatz verbessert werden. Konzentrierte Zelluloseprâparate trocknen auf Wachs nicht; sie eignen sich aber vorzüglich als Grundlage für Wachs, indem man mit ihnen einläßt und darauf wachst.

Bienenwachs ist ein bewährtes Wachsmittel; zur Herstellung einer Wachslösung schmilzt man 100 Gramm Bienenwachs im Wasserbad und rührt langsam 1 Liter Terpentinöl dazu. Kaltes Auflösen ist möglich, dauert aber länger.

Helle Hölzer verfärben sich durch das gelbe Naturwachs. Ist eine Verfärbung unerwünscht, muß gebleichtes oder weißes Wachs in folgender Mischung verwendet werden: 85 Gramm weißes Wachs, 15...20 Gramm weißes Kolophonium, 1 Liter Terpentilöl.

Das Auftragen der gelösten Wachse geschieht mit Pinsel oder Lappen. Überflüssiges Wachs entfernt man mit einem frischen Lappen. Wenn die Wachsschicht infolge Verdunstung des Terpentins getrocknet ist, wird die Fläche mit einer mittelstarken Bürste oder mit Roßhaar durchgebürstet bzw. abgerieben, bis eine hauchdünne, gleichmäßige Wachsschicht auf dem Holz liegt. Den stumpfen Glanz erhält die Oberfläche abschließend durch Abreiben mit einem sauberen Wollappen.

Sollen dunkelgebeizte Hölzer gewachst werden, so gibt man dem gelösten Wachs terpentinlösliche Farbstoffe, z. B. Olesolfarben bei.

7.3 Firnis

Firnisse werden aus Leinöl durch Kochen mit Harzen hergestellt; mit Wasser sind sie nicht mischbar.

Ölfirnis bildet auf der Holzoberfläche einen durchsichtigen glänzenden Überzug, wobei das Strukturbild des Holzes erhalten bleibt. Für helles Eichenholz eignet sich insbesondere bleihaltiger Firnis nicht; gefirnistes Eichenholz wird gelb und dunkelt unter dem Einfluß des Sonnenlichtes stark nach. Dies läßt sich vermeiden durch Verwendung einer Firnislösung aus 47 Vol.-Teilen Leinölfirnis, 47 Vol.-Teilen Terpentinöl und 6 Vol.-Teilen Sikkativ.

Leinölfirnis ist kalt und dünn aufzutragen. Guter Firnis ist schon nach 24 Stunden trocken. Heißes Einlassen, insbesondere auf harzhaltigem Holz, verzögert die Trocknung. Jede weitere Firnisschicht darf erst nach Trocknen und Anschliff der vorausgehenden aufgebracht werden. Bei Außenarbeiten empfiehlt es sich mit gutem Luftöllack oder mit Lackfirnis (Verbindung von Firnis mit Lack) ein- bis dreimal zu lackieren. Damit wird ein durchscheinender, sehr harter Anstrich erreicht.

Mit Leinölfirnis getränkte Putzwolle kann sich selbst entzünden; sie ist deswegen gleich nach Gebrauch zu verbrennen, oder in geschlossenen Blechgefäßen zu verwahren.

7.4 Lasuren

Lasuren wurden früher durch Einfärben von Firnis, z. B. mit Ocker, hergestellt. Moderne Lasuren sind dünnflüssige Holzüberzüge auf der Basis von Lackharzen, die tief in das Holz eindringen und zur Verbesserung ihrer Eigenschaften meist noch wasserabweisende, weichmachende und schädlingsbekämpfende Zusätze enthalten. Sie können farblos oder in zahlreichen Tönen pigmentiert sein („Beizlasuren").
Besonders hervorstechende Eigenschaften sind:

● Brillanz und Lichtechtheit der Farben; betonte Holzstruktur durch Transparenz; Seiden- bis Mattglanz
● hohe Wirksamkeit gegen Pilz- und Schädlingsbefall (Bläue, Schimmel usw.)
● gute Ventilationswirkung durch teilweise offene Poren
● festverankerte, elastische, wasserabweisende Oberfläche
● Schutz vor Alterung durch Sonnenlicht
● leicht zu verarbeiten, z. T. tropfhemmend; sehr ergiebig
● sehr umweltfreundlich, unschädlich für Mensch und Tier

Lasuren stellen einen hochwertigen und dauerhaften Holzschutz bei Innen- oder Außenanwendungen dar, z. B. zur Behandlung von Wand- und Deckenverkleidungen, Regalen, Türen, Holzfassaden, Gartenmöbeln, Zäunen usw. Farblose Lasuren eignen sich wegen des Fehlens lichtschützender Pigmente nur für Innenanwendung oder zum Aufhellen pigmentierter Lasuren. Produkte ohne fungizide (pilztötende) Zusätze sind ebenfalls nur innen anwendbar.

Dickschichtlasuren erzeugen einen deutlichen, schwach glänzenden Film auf dem Holz. Sie sind gut haltbar und stellen einen ausgezeichneten Schutz gegen Feuchtigkeit dar. Dünnschichtlasuren lassen sich besonders leicht verarbeiten und nacharbeiten; sie dringen tief in das Holz ein und beleben dessen Struktur.

Lasuren können mit Pinsel und Spritzpistole oder durch Rollen, Tauchen usw. aufgetragen werden. Die Schichtdicke ist auch bei Mehrfachauftrag verhältnismäßig dünn und läßt die Poren teilweise offen. Bewitterte Außenflächen sollen nach einer Grundierung mindestens zweimal beschichtet werden. Eine Nachbesserung wird nach etwa 3 Jahren erforderlich.

7.5 Lacke

Aus natürlichen Rohstoffen hergestellte Lacke haben heute durch das Vordringen der qualitativ überlegenen Kunstharzlacke an Bedeutung verloren. Nitrozellulose und Schellack sind für Mattierungen und Polituren noch unentbehrlich. Diesen ist ein eigener Abschnitt zugeteilt. Nitrozellulose stellt überdies eine ausgezeichnete Grundierung dar und liefert auch für gehobene Ansprüche befriedigende Überzüge. Lacke dieser Art nennt man „Lösemittellacke", da sie überwiegend durch Abdunsten des Lösemittels trocknen.

7.5.1 Öllacke

Öllacke können für Außen- und Innenarbeiten verwendet werden. Für gute Arbeiten sind mindestens 3 dünne Anstriche mit Zwischenschliff nötig.

7.5.2 Terpentinharz- und Spirituslacke

Diese Lacke sind schnelltrocknend, jedoch nicht besonders wetter- und wasserfest und von geringer Haltbarkeit. Spirituslacke kommen für Mattierungen und Polituren in Betracht.

7.5.3 Schellack

Den Rohstoff zur Gewinnung des Schellacks liefert eine indische Blattschildlaus durch Anstechen junger Triebe bestimmter Bäume. Aus dem ausfließenden Harz und den Ausscheidungen der Laus bereitet man den Schellack. Im Rohzustand ist er rotbraun bis dunkelgelb; er läßt sich farblos bleichen.
Schellack ist die Basis für Mattierungen und Polituren.
Die für den Schreiner wichtigsten Schellacksorten sind der helle Lemon- und der dunkle Goldorangeschellack („Blonder Schellack"). Hochwertige Schellacksorten sind glänzend, hell und durchsichtig; eine unterlegte Schrift lassen sie gut lesbar erscheinen. Trübe Schellacksorten enthalten zuviel Wachsstoffe; zum Ansetzen von Mattierungen sind sie aber geeignet. Für Polituren kommt hauptsächlich Lemonschellack zur Anwendung.
Der in Zopf- und Pulverform im Handel erhältliche, gereinigte und gebleichte Schellack ist von hoher Qualität. Zopfschellack versprödet und vergilbt an der Luft und wird daher unter Wasser aufbewahrt. Vor dem Auflösen muß er sorgfältig zerkleinert und getrocknet werden. Gepulverter Schellack ist in der Handhabung bequemer. In der Praxis wird Zopfschellack vorgezogen, da er sich rückstandslos in Spiritus löst und die Lösung unbeschränkt haltbar ist. Zur Erhöhung des Glanzes können der Lösung natürliche Harze beigegeben werden. Schellacklösungen gewinnen durch „Altern" an Qualität, daher sollen frühzeitig ausreichende Mengen angesetzt werden (s. Seite 127), sofern man sich nicht handelsüblicher, fertiger Schellackpolituren bedient.
Schellackfilme sind verhältnismäßig dünn und elastisch, aber wasserempfindlich und wenig kratzfest. Da zudem zu ihrer Aufbringung aufwendige Techniken erfor-

derlich sind, wird Schellack heute vorwiegend zum Restaurieren alter Möbel verwendet. Eingehende Arbeitsvorschriften finden sich in Abschnitt 10.

7.5.4 Nitrozelluloselack

Zusammensetzung des Lackes

Nitrozelluloselacke, auch Nitro- oder NC-Lacke genannt, wurden erstmals 1924 als rasch trocknende Autolacke eingesetzt. Nitrozellulose entsteht durch Einwirkung von Salpetersäure auf Zellulose in einem komplizierten Verfahren. Sie bildet Kettenmoleküle mittlerer Länge. Moderne Nitrolacke enthalten neben Nitrozellulose noch Harze, Weichmacher und Lichtschutzpräparate, ggf. auch Mattierungs- und Schleifzusätze. Pigmente sind dem jeweiligen Anwendungsfall angepaßt.

Entsprechend dem chemischen Aufbau unterscheidet man esterlösliche Nitrozellulose, die die Basis für hochwertige Schutzüberzüge darstellt, und alkohollösliche Präparate, die überwiegend zur Herstellung von Polituren und Mattierungen geeignet sind.

Harzzusätze, meist auf Kunstharzbasis, erhöhen die mechanische und chemische Widerstandsfähigkeit des NC-Films und steigern die Haftfestigkeit. Weichmacher sind nötig, um der spröden Nitrozellulose ausreichende Dauerelastizität zu vermitteln. Mattierungen enthalten zusätzlich feingemahlene Salze oder Kunststoffe, die ohne Nacharbeit einen Mattglanz hinterlassen. Die Schleifbarkeit trockener Lackfilme läßt sich durch Schleifmittelbeigaben erhöhen. NC-Lacke liefern gute Grundierungen und eignen sich zum offen- und geschlossenporigen Lackieren.

Eigenschaften und Anwendung der NC-Lacke

Eine schätzenswerte Eigenschaft aller Nitrolacke ist ihr schnelles Trocknen, das eine rasche Verarbeitung gestattet. NC-Lacke haften auf fast allen Hölzern sehr gut. Den Reaktionsharzlacken sind sie jedoch aufgrund ihres einfacheren chemischen Aufbaues unterlegen hinsichtlich der Lichtechtheit, Kratz- und Abriebfestigkeit, der Beständigkeit gegen Wasser, Säuren und Laugen, Alkohol und Lösemittel, sowie gegen Hitze. Ihr Einsatz ist daher vorwiegend auf den Innenausbau für wenig beanspruchte Werkstücke beschränkt.

Auftrag des Lackes

Zum Auftrag der Nitrolacke eignen sich alle bekannten Techniken (Abschnitt 11); die Lackhersteller liefern für jedes Verfahren und jeden Anwendungszweck geeignete Lackzusammensetzungen.

Zum Grundieren trägt man höchstens 200 g/m^2 auf, damit die Transparenz infolge von Schleifmittelzusätzen nicht zu sehr leidet. Porenschließende Lacke mit hohem Harz- und Weichmachergehalt setzt man für hochglänzende und mattzuschleifende Oberflächen ein. Die trockenen Filme können bis zu 0,3 mm dick sein und hochglänzend geschwabbelt bzw. mit Stahlwolle mattgeschliffen werden. Für offenporige Beschichtung trägt man den dazu bestimmten NC-Lack in mehreren Schichten mit Zwischenschliff bis zu einer Enddicke von 0,2 mm auf. Mattschliff mit Stahlwolle ist möglich.

8. Einführung in das Gebiet der Kunststoffe und Kunststoffbeschichtung

Dieser Abschnitt soll einen kurzen Einblick in das chemische Bauprinzip und die daraus sich ergebenden Eigenschaften von Kunststoffen vermitteln. Die Kenntnis dieser Zusammenhänge trägt zum tieferen Verständnis des anschließenden Kapitels über Reaktionsharzlacke bei.

8.1 Allgemeines über Kunststoffe

Kunststoffe haben heute in praktisch allen Bereichen der Technik Fuß gefaßt. Man spricht vom Zeitalter der Kunststoffe. Anfänglich wurden nur Naturprodukte zu neuen Materialien umgearbeitet, z. B. Naturkautschuk zu Gummi, Kasein (Eiweißprodukt der Milch) zu Kunsthorn (Galalith), Baumwolle zu Zelluloid usw. Viele dieser Produkte sind inzwischen durch moderne, „echte" Kunststoffe verdrängt worden, weil diese wesentlich verbesserte mechanische und chemische Eigenschaften aufweisen. Kunststoffe werden hauptsächlich aus den Bestandteilen des Erdöls oder Erdgases, aber auch aus den Ausgangsstoffen Kohle, Kalk, Luft und Wasser direkt hergestellt.

8.2 Molekülbau und Eigenschaften

Die uns interessierenden Kunststoffe sind organische Verbindungen. Ihr Bauprinzip sind Kohlenwasserstoffketten mit eingebauten Fremdatomen, wie wir sie in Abschnitt 2.1.6 bereits kennengelernt haben. Kettenlänge sowie die Möglichkeit zur Ausbildung echter chemischer Bindungen oder schwacher Nebenbindungen zu Nachbarketten sind ausschlaggebend für die Eigenschaften des betreffenden Materials.

8.2.1 Thermoplaste

Bauprinzip dieser Stoffgruppe sind lange, fadenförmige Kettenmoleküle. Bei Raumtemperatur sind diese Ketten durch schwache Querverbindungen vielfältig miteinander verbunden; das Material ist hart. Beim Erwärmen werden diese Bindungen gesprengt, die Fadenmoleküle werden beweglich wie gekochte Suppennudeln, der Kunststoff erweicht und verflüssigt sich schließlich bei stärkerem Erhitzen.
Thermoplaste sind also bei Normaltemperatur fest; beim Erwärmen sind sie verformbar, beim Abkühlen erstarren sie in der vorgegebenen Form.
Beispiele: Polyäthylen (PE), Polystyrol (PS), Polyvinylchlorid (PVC), Polyvinylacetat (PVAC, z. B. Dispersionsleime ohne Härter), Polycarbonat (PC), Polyamid (PA, z. B.

Nylon, Perlon, Dralon), Polyurethan (PUR)[1]), Polymethylmethacrylat (PMMA, z. B. Acrylglas).

8.2.2 Duroplaste

Bauprinzip der Duroplaste ist wie bei den Thermoplasten das Kettenmolekül. Im Unterschied dazu bestehen zwischen den Ketten aber echte chemische Bindungen, die so stark sind, daß eine räumliche, thermisch stabile Vernetzung der Ketten entsteht. Der Kunststoff erweicht also beim Erwärmen nicht und läßt sich nicht mehr verformen. Der feste Molekülverband bewirkt eine besonders hohe mechanische und chemische Widerstandsfähigkeit.
Beispiele: ungesättigte Polyester (UP), Epoxidharze (EP), Polyurethan (PUR)[1]) sowie Melamin-, Harnstoff- und Phenol-Formaldehydharze.

8.2.3 Elastomere

Die Fadenmoleküle dieser Produktgruppe sind räumlich sehr weitmaschig vernetzt, so daß noch eine gewisse Beweglichkeit der Moleküle verbleibt. Das Material ist gummi-elastisch.
Beispiele: Kautschuk auf der Basis von Polyurethan, Styrol-Butadien, Silicon.

8.3 Chemie der Kunstharzlacke (Reaktionslacke)

8.3.1 Komponenten und Reaktionsablauf

Kunststoff-Überzugslacke, auch Reaktionslacke genannt, bestehen stets aus einer Harzkomponente, dem „Stammlack", der nach Zugabe des „Härters" durch eine chemische Reaktion den endgültigen Kunststoff liefert. Der Stammlack kann selbst flüssig (z. B. Styrol im Polyesterlack) oder ein in einem Lösemittel gelöster Feststoff sein (z. B. PUR-Lacke). Zur Verkürzung der Aushärtezeit können noch „Beschleuniger", z. B. Cobaltsalze oder Amine, beigegeben werden.
Solange das Harz-Härtegemisch noch Lösemittel enthält, reagiert es langsam, da die Moleküle wie Fische im weiten See schwimmen und sich nur gelegentlich berühren. Daher sind die Gemische noch längere Zeit beständig, sie haben eine relativ lange „Topfzeit". Von einem auf eine Oberfläche aufgetragenen Gemisch dagegen kann das Lösemittel abdunsten, die Moleküle nähern sich mehr und mehr und die Härtereaktion kommt rasch in Gang.

---

1) Polyurethanharze gibt es mit unterschiedlichem chemischem Aufbau in thermoplastischer und duroplastischer Form.

8.3.2 Zweikomponentenlacke

Bei Zweikomponentenlacken werden Harz und Härter unmittelbar vor der Verarbeitung gemischt; sie liefern die widerstandsfähigsten Überzüge, da die Komponenten vom Hersteller optimal aufeinander abgestimmt werden können. In der Praxis stößt jedoch das genaue Abwägen der Komponenten gelegentlich auf Schwierigkeiten, z. B. auf Baustellen. Daher werden auch Einkomponentenlacke verwendet.

8.3.3 Einkomponentenlacke

Bei Einkomponentenlacken sind Harz und Härter bereits vereinigt; der Härtevorgang ist durch einen „Inhibitor" (Verzögerer) unterbunden. Nach dem Auftrag des Lackes startet die Reaktion durch Abdunsten des Lösemittels und Einwirkung von Luftfeuchtigkeit bzw. Luftsauerstoff. Die chemischen und mechanischen Eigenschaften der Einkomponentenlacke erreichen nicht die Qualität der Zweikomponentenlacke. Sie haben nach dem Öffnen der Behälter auch wieder luftdicht verschlossen nur mehr eine begrenzte Haltbarkeit.

8.4 Arten und Eigenschaften der Kunstharzbeschichtungen

8.4.1 Basisharze

Entsprechend ihrem chemischen Molekülbau unterscheidet man bei Kunstharzlacken die folgenden wichtigsten Grundtypen
- Säurehärtende Lacke (SH-Lacke, Harnstoffharze)
- Polyesterlacke (ungesättigte Polyesterlacke, UP-Lacke)
- Polyurethanlacke (PUR- oder DD-Lacke)
- Polyurethan-Acrylharz-Lacke
- Alkydharzlacke

Herkömmliche, auf diesen Basisharzen aufgebaute Lackprodukte sind Lösemittellacke. Ihre ausgehärteten Lackfilme haben duroplastische Eigenschaften. Bei einigen Harztypen, z. B. gesättigten Polyestern, ist es gelungen, diese chemisch so zu modifizieren, daß anstelle eines organischen Lösemittels Wasser zum Lösen und Verdünnen dient; solche „Wasserlacke" gewinnen zunehmend an Bedeutung (s. Abschnitt 9.5, Seite 115 ff).

8.4.2 Endprodukte

In unveränderter Form finden die oben beschriebenen Kunstharze als Klarlacke Verwendung. Die Zugabe von Fremdstoffen führt zu wichtigen Endprodukten mit Eigenschaften, die der jeweilige Anwendungsfall erfordert.

- *Klarlacke* sind farblos und bilden bei der Holzoberflächenbehandlung die oberste Schicht. Sie dienen vorwiegend zum Schutz der Oberfläche. Bei Einfärbung mit löslichen Farben bleiben sie noch durchsichtig. Die Oberflächen der Lac-filme sind glänzend, wenn nicht Zusätze zur Ausbildung einer matten oder strukturierten Oberfläche beigegeben sind.
- *Farblacke* enthalten neben dem Basisharz Farbpigmente, die die beschichtete Oberfläche völlig überdecken. Sie ergeben einen einheitlichen Farbfilm (Abschnitt 9.6).
- *Grundierungen und Füller* haben die Aufgabe, die oberflächlichen Holzzellen zu schließen, sowie eine gut haftende und gegen Holzinhaltsstoffe absperrende Verbundschicht zwischen Holz und Lack herzustellen (Abschnitt 10.1).

8.4.3 Eigenschaften der Kunstharzbeschichtungen

Wie schon gesagt, sind die für die Oberflächenbeschichtung eingesetzten Kunststoffe Duroplaste mit räumlich vernetzten Kettenmolekülen. Aus diesem Aufbau resultieren eine Reihe hochwertiger Eigenschaften der Beschichtung. Hervorstechende physikalische (mechanische) Eigenschaften sind hohe Härte, Zähigkeit, Elastizität, Schlag-, Kratz- und Abriebfestigkeit, Hitze-, Glut- und Temperaturwechselbeständigkeit, Beständigkeit der Oberflächenstruktur (Glanz, Mattgrad), Überlackierfähigkeit usw.

Von den chemischen Eigenschaften sind hervorzuheben: Widerstandsfähigkeit gegen Wasser, verdünnte Säuren und Laugen, sowie gegen Alkohol und mit einiger Einschränkung auch gegen viele organische Lösemittel, teilweise gute Lichtbeständigkeit, Schwerentflammbarkeit usw.

Typische Eigenschaften der einzelnen Produkte werden im folgenden Kapitel noch eingehend behandelt.

8.4.4 Versiegelung mit Kunstharzlacken

Kunstharzlacke eignen sich hervorragend für eine dauerhafte Versiegelung von Holz. Diese bezweckt neben anderem eine zuverlässige Schließung der Holzporen. Versiegeln ist nicht gleich Lackieren im üblichen Sinne. Die durch Versiegeln entstandene Überzüge zeichnen sich durch die hochwertigen Eigenschaften der dazu verwendeten Kunststoffe aus. Durch einen mehrfachen (3...5mal) Auftrag des Lacks erzeugt man auf der Holzoberfläche eine regelrechte Kunststoffschicht von höchster Widerstandsfähigkeit. Wichtiges Anwendungsbeispiel ist die Versiegelung von Holzfußböden.

9. Kunstharzlacke und ihre Verarbeitung

9.1 Säurehärtende Lacke (SH-Lacke, Kalthärterlacke)

9.1.1 Zusammensetzung des Lackes

Hauptbestandteil im Stammlack der säurehärtenden Lacke ist meist Harnstoffharz, seltener Melamin- oder Phenolharz. Als Härter dienen säurehaltige Zusätze, deren Mischungsanteil vom Hersteller vorgeschrieben ist (2...10%) und auch von der vorgesehenen Härtetemperatur abhängt. Die farblosen SH-Lacke können mit Abtönfarben eingefärbt werden. Neben den Zweikomponentenlacken sind auch Einkomponentenprodukte im Handel. Die Oberflächenbeschaffenheit reicht über mehrere Abstufungen von mittlerem Glanz bis matt.

9.1.2 Eigenschaften des Lackfilms; Einsatzgebiete

Positive Eigenschaften: Hoher Festkörpergehalt (etwa 50%), deshalb gute Füllkraft. Stoß-, schlag-, kratzfest, gut abwischbar und abriebfest; lichtecht. Beständig gegen Wasser, verdünnte Laugen (z. B. Sodalösung, Seifenlauge); bedingt beständig gegen viele organische Lösemittel (z. B. Alkohol, Benzin). Nach Trocknung schwer entflammbar, glutbeständig (Zigarettentest 15 Sekunden), beständig bei schroffem Temperaturwechsel; überlackierbar.
Negative Eigenschaften: Die als Härter dienenden Säuren greifen Metalle an, Beschläge sind daher vor der Lackierung zu entfernen. Bei verschiedenen Holzarten z. B. Rotbuche, Kirschbaum, Kiefer, Lärche, können rötliche Verfärbungen eintreten (Probelackierung!). SH-Lacke zeigen unbefriedigende Wetterbeständigkeit; sie sind daher für Außenversiegelung ungeeignet.
Einsatzgebiete: SH-Lacke dienen hauptsächlich als Überzüge für stark beanspruchte Gegenstände, z. B. Büro- und Schulmöbel. Sie können wegen ihrer guten Haftung als Grundierung für Polyurethan- und Nitrozellulosebeschichtungen verwendet werden.

9.1.3 Verarbeitung des Lackes

9.1.3.1 Arbeitsraum

Säurehärtende Lacke dürfen nicht in Räumen gespritzt oder getrocknet werden, wo gleichzeitig die Verarbeitung und Trocknung von Nitrolacken erfolgt, da sonst die Gefahr einer violetten Verschleierung der Holzoberfläche besteht. Ebenso können Ammoniakdämpfe (z. B. von Beizen) im Raum zu milchigen Verfärbungen der unausgehärteten Lackschicht führen. Verarbeitung und Trocknung im gleichen Raum an verschiedenen Tagen kann bei guter Durchlüftung jedoch unbedenklich geschehen.

Bei der Verarbeitung und Aushärtung von SH-Lacken wird stechend riechender Formaldehyd frei. Dieser ist gesundheitschädlich (möglicherweise krebserregend!) und reizt Atemwege, Augen und Magen. Daher ist auf gute Durchlüftung zu achten. Verarbeitung und Trocknung dürfen nicht unter 18° C erfolgen, da sonst die Härtung zu langsam erfolgt und unvollständig bleibt.

9.1.3.2 Ansetzen des Lackgemisches

Lack und Härter werden in dem vom Hersteller angegebenen Verhältnis gemischt; das Gemisch ist sofort verwendungsfähig. Die Topfzeit liegt zwischen 24 Stunden und drei Tagen. Es ist jedoch ratsam, jeweils nur die für einen Tag erforderliche Menge anzusetzen und gleich zu verarbeiten. Da sich der Lack bei Berührung mit vielen Metallen verfärbt, ist das Anmischen in Keramik-, Glas- oder unbeschädigten Emaillegefäßen vorzunehmen. Aus dem gleichen Grund müssen Spritzpistolen mit Düsen und Nadeln aus Edelstahl, Gießmaschinen mit Edelstahllippen und Spezialpumpen ausgerüstet sein. Pinsel dürfen keine Blechzwingen haben. Zwischenschliff ist nicht mit Stahlwolle vorzunehmen.

Die Härtung kann bei Raum- und erhöhter Temperatur erfolgen. Die angegebene Härtermenge bezieht sich auf Raumtemperatur („Kalthärter").

Bei erhöhter Trockentemperatur ist eine andere Härtermenge beizumischen (Herstellerangaben beachten!). Bei zu geringem Härteranteil dauert der Härteprozeß zu lange und bleibt unvollständig. Zu hoher Härterzusatz führt zu Überhärtung des Lackes; er wird spröd und rissig und verliert an Haft- und Widerstandsfähigkeit.

9.1.3.3 Vorbereitung des Holzes

Die verwendeten Holzbeizen müssen beständig gegen Säure und Formaldehyd sein; sie dürfen keinen Ammoniak enthalten, da dieser zu milchiger Schleierbildung führt.

9.1.3.4 Grundierung

Säurehärterlacke können als Grund- und Decklack verwendet werden („Duplo-Lack"). So hergestellte „Einschichtüberzüge" ergeben besonders widerstandsfähige Beschichtungen. Beim ersten Auftrag ist der Lack mit der dazugehörigen Spezialverdünnung (3...5 Teile Verdünnung, 5 Teile Lack) zu verdünnen, der zweite und dritte Auftrag erfolgt meist unverdünnt. Dadurch dringt der Lack tiefer in das Holz ein, die Fasern werden durchfeuchtet und im Lack verankert. Nach einer Trockenzeit von mehreren Stunden kann die Grundierung zwischengeschliffen und überlackiert werden.

Säurehärterlacke können auch auf Nitrozellulose-Grundierung, z. B. Hartgrund, aufgetragen werden. Es besteht aber zwischen dieser und dem Lack nur eine Klebeverbindung, die für normale Beanspruchung ausreicht, bei starker Beanspruchung jedoch bereits nach Wochen oder Monaten zu Zerstörung durch Rißbildung führt. Bei Anwendung verfärbender Lacke (es gibt auch nichtverfärbende) ist mit Isoliergrund nach Vorschrift zu arbeiten.

9.1.3.5 Auftrag des Lackes

Der Auftrag des Lackes kann durch Streichen, Spritzen, Gießen usw. erfolgen. Damit die einzelnen Schichten gut aufeinander haften, trägt man innerhalb von 3...4 Stunden die nächste Schicht auf. Bei Zwischentrocknungszeiten über 12 Stunden schleift man die zu überziehende Schicht an.

Die Lackmenge soll nicht mehr als 350 g je m^2, entsprechend einer Schichtdicke von 180 µm (0,18 mm) betragen. Zu hoher Lackauftrag oder schlechte Haftung können zu Rißbildung führen.

9.1.3.6 Trocknung und Härtung

Wie schon gesagt, darf bei Zusatz der normalen Härtermenge nicht bei erhöhter Temperatur getrocknet werden; dafür gibt es Spezialhärter. Trockentemperaturen sind bis 140° C zulässig (Härtezeit einige Minuten), darüber erfolgt Zersetzung des Lackes.

Stapelung ohne Zwischenlage ist bei Kalthärtung erst nach einigen Wochen möglich, da die Härtung vorher nicht abgeschlossen ist. Formaldehyd und überschüssige Säure sollen während dieser Zeit ungehindert entweichen können. Wenn Korrosionsgefahr besteht, dürfen Beschläge erst nach dem vollständigen Trocknen angebracht werden.

9.1.4 Gefahrenhinweise, Lagerung

Die Vorschriften über den Umgang mit brennbaren Flüssigkeiten sind zu beachten. Bei kühler und trockener Lagerung in dunklen Glasgefäßen ist der Stammlack auch bei gelegentlicher Entnahme aus dem Gebinde gut haltbar; der Härter ist nur begrenzt lagerfähig.

9.2 Polyesterlacke (UP-Lacke)[1]

9.2.1 Zusammensetzung des Lackes

Grundbausteine der Polyesterlacke sind kettenförmige Polyestermoleküle, d e neben normaler chemischer Bindung noch Doppelbindungen enthalten. Solche Verbindungen nennt man „ungesättigt"; sie sind sehr reaktionsfähig und können durch räumliche Vernetzung zu widerstandsfähigen Kunststoffen führen.

Der Stammlack ist ein solches in Styrol (Vinylbenzol) gelöstes Polyesterharz. Er enthält in der Regel noch Reaktionsbeschleuniger (Kobaltsalze) und Stabilisatoren. Letztere sollen eine Polymerisation (Härtung) des Stammlackes, die auch ohne Härter sehr langsam ablaufen kann, verhindern.

Als Härter dienen organische Peroxide, die die Wirkung der Stabilisatoren aufheben und die Reaktion in Gang bringen. Dank der zugesetzten Beschleuniger läuft die Härtung dann in der gewünschten Geschwindigkeit ab. Das Styrol verbindet sich dabei unter erheblicher Wärmeentwicklung mit dem ungesättigten Polyesterharz; es verliert seine Funktion als Lösemittel und wird Bestandteil des Harzes.

Das ungehärtete UP-Harz ist sehr empfindlich gegen Luftsauerstoff; es muß daher bis zur völligen Aushärtung davor geschützt werden. Zu diesem Zweck setzt man dem Lack Wachse, Paraffin oder andere Stoffe zu, die nach dem Lackauftrag an die Oberfläche steigen und diese vor Luftzutritt schützen. Die Paraffinschicht ist die Ursache der Oberflächentrübung nach dem Auftrag.

Im Gegensatz zu allen anderen Lacken enthalten Polyesterlacke kein oder sehr wenig Lösemittel. Daraus resultiert ein hoher Festkörpergehalt von über 90%, weshalb man UP-Lacke auch als „flüssigen Kunststoff" bezeichnet. Da kein Abdunsten des Lösemittels abgewartet werden muß, kann eine dicke Schicht auf einmal aufgetragen werden. Polyesterharze eignen sich daher auch vorzüglich zum Eingießen von Gegenständen als Schaustücke.

Polyesterlacke sind als farblose und eingefärbte Klarlacke im Handel. Für Arbeiten an senkrechten Flächen oder Rundungen stehen thixotrope (Seite 23) Produkte zur Verfügung. Die Komponenten und Zusätze der UP-Lacke sind auch einzeln erhältlich, damit durch gezielte Abwandlungen der Mischungsverhältnisse die Arbeitsweise sowie die Eigenschaften des Endprodukts variiert werden können.

9.1.2 Eigenschaften des Lackfilms; Einsatzgebiete

Positive Eigenschaften: Polyesterbeschichtungen eignen sich besonders zur Herstellung hochglanzpolierter Beschichtungen, aber auch für geschlossenporig matt-

---

1) Um Mißverständnisse zu vermeiden, wird die früher benutzte Abkürzung PEL für Polyesterlacke nicht verwendet. PE ist die Abkürzung für Polyäthylen. Die hier behandelten ungesättigten Polyesterharze haben die Abkürzung UP.

behandelte Oberflächen. Hervorzuheben ist ihre Lichtbeständigkeit, die weit höher als die des Holzes ist. Die Schichten sind hell, glasartig hart, begrenzt elastisch, dehnbar und wenig empfindlich gegen Temperatur- oder Feuchtigkeitseinflüsse (tropen- und kältefest). Ihr Politurglanz hält sich lange. Bei einwandfreier Schwabbelung sind sie weitaus kratz-, alkohol- und nitrofester als Nitrozellulose-Lackschichten. Auch die Glutfestigkeit ist größer, wenngleich Zigarettenfestigkeit nicht besteht. Schwache Säuren und Laugen greifen die Lackschicht nicht an, ebensowenig Möbelpflegemittel, Öle und Wachse. Chemische Reinigungsmittel, etwa von der Art des Tetrachlorkohlenstoffes, zerstören bei längerer Einwirkung die UP-Schicht durch Quellung.

Negative Eigenschaften: Als Nebenwirkung des Beschleunigers tritt zunächst beim Lackieren eine Violettfärbung auf, die bei der Härtung wieder weitgehend verschwindet. Bei hellen Naturhölzern oder hellen Beiztönen zeigen sich leichte Verfärbungen. Polyesterlacke zeigen auf Holz nicht die Haftfestigkeit, wie sie gute Grundierungen aufweisen; daher ist vielfach eine auf das UP-Harz abgestimmte Grundierung nötig (s. u.). Unkenntnis dieses Sachverhaltes ist die Quelle von Fehlern und Mißerfolgen.

Bei größeren Flächen, Türen u. ä. ist zum Ausgleich der Schrumpfkräfte des Polyesters auch die Rückseite zu beschichten. Einlaßgrund allein genügt nicht, es muß mindestens guter Nitrolack aufgetragen werden.

Einsatzgebiete: Aufgrund seiner ausgezeichneten Polierfähigkeit wird Polyesterlack hauptsächlich zur Herstellung hochglänzender, widerstandsfähiger Flächen an Ziermöbeln verwendet.

9.2.3 Verarbeitung des Lackes

9.2.3.1 Arbeitsraum

Die Raumtemperatur soll zwischen 20 und 24° C, höchstens aber 30° C betragen, die Luftfeuchtigkeit 70% rel. Feuchte nicht überschreiten.

Nach den Vorschriften der Berufsgenossenschaften müssen Arbeiten mit UP-Lakken in eigenen Spritzständen vorgenommen werden. Die in UP-Lacken enthaltenen Peroxide könnten durch Reaktion mit Rückständen anderer Lacke (z. B. Nitrozellulose-, Öl-, Kunstharzlacke) infolge der dabei freiwerdenden Wärme zur deren Selbstentzündung führen. Bei wasserberieselten Spritzständen ist Entzündungsgefahr jedoch ziemlich ausgeschaltet. Spritzstände und -räume sollten täglich gereinigt werden, da sich dickere Lackrückstände später nur schwierig entfernen lassen.

9.2.3.2 Ansetzen des Lackgemisches

Die Mischung von Stammlack und Härter muß sehr vorsichtig unter kräftigem Rühren erfolgen (Untermischverfahren), da je nach Menge Temperaturen von 170...200° C erreicht werden und bei unvorsichtigem Hantieren explosionsartige Erscheinungen auftreten können. Dies ist auch bei Verwendung unsauberer Gefäße möglich, da beispielsweise NC-Reste mit Peroxiden des UP-Gemisches heftig reagieren. Im Gefahrenfall bringt man das Reaktionsgefäß ins Freie oder übergießt es mit kaltem Wasser.

Das angesetzte Lackgemisch ist sofort aufzutragen, da seine Topfzeit je nach Fabrikat nur 20...60 Minuten beträgt. Es darf nur soviel angesetzt werden, als in dieser Zeit verarbeitet werden kann.

9.2.3.3 Auswahl und Vorbereitung des Holzes

Zur Beschichtung eignen sich unfurnierte und deckfurnierte Feinspanplatten. Exotische Furniere sind vielfach wegen ihres Fremdstoffgehalts ungeeignet, ebenso nur abgesperrte Tischlerplatten, da diese wegen großer innerer Spannungen zu Rißbildung neigen.

Die Holzfeuchtigkeit muß zwischen 8 und 12% betragen, um eine gute Haftung des Lackfilms sicherzustellen. Zur Erzielung einer einwandfreien Fläche ist Wässern und Schleifen vor dem Auftrag unumgänglich.

Patinieren, Vergilbungsschutz: UP-Lacke lassen wie Nitrolacke das Patinieren vor dem Lackauftrag und die Anwendung von Vergilbungsschutz zu. Wenn bei gebleichtem und gegen Vergilbung geschütztem Ahornholz Lackproben mit normalem UP-Lack störende Färbungen ergeben, verwendet man „Ahorn-Polyesterlacke" mit geringerem Gehalt an Beschleuniger. Diese trocknen langsamer, liefern aber ziemlich farblose Filme.

Bleichen. Zum Bleichen kommt nur Wasserstoffperoxid 30 bis 35%ig in Betracht. Im Holz verbliebene Reste von Peroxid beschleunigen die Härtung. Alle anderen Bleichverfahren sind für Polyester ungeeignet; insbesondere ist vor Oxalsäurebleichung zu warnen.

Beizen. Fehler beim Beizen können die Haftfestigkeit der Polyesterschicht beeinträchtigen. Festkörperhaltige oder schichtbildende Beizen kommen nicht in Frage, da sie die Trocknung des Holzes behindern. Dies gilt besonders für dunkle Beizen. Die Lackhersteller liefern hochkonzentrierte Farbsysteme als sogenannte „Polyesterbeizen", die wenig Feuchtigkeit oder Lösemittel in das Holz eintragen und dessen Trocknung nicht stören. Selbsthergestellte Beizen dürfen in höchstens 5%iger Lösung verwendet werden.

Folgende Hinweise sind zu beachten:

- Holz- und Beizfeuchtigkeit messen; 12% nicht überschreiten
- Beizzusatzmittel weglassen
- Lösemittelgehalt der Beize nicht über 5%
- überschüssige Holzbeize von der Fläche mit Beizglättbürste entfernen
- bei dunklen Beiztönen und bei genebelten Flächen Spezialgrundiermittel verwenden
- nur vom Lackhersteller empfohlene Beizen verwenden; bezüglich eines Ammoniakzusatzes Auskünfte einholen; Räucherbeizen ohne Zusatz und ohne Metallsalze verwenden
- für alle Fälle: Bei Bestellung von Beizen grundsätzlich darauf hinweisen, daß diese mit Polyester überschichtet werden sollen

9.2.3.4 Grundierung, Porenfüllung

Trotz der großen Füllkraft der UP-Lacke sollte man das Porenfüllen nicht einsparen. Notwendig ist es bei grobporigem, ferner bei dunkelgebeiztem Holz, und auch, um besser patinieren zu können. Außerdem sichert Porenfüllen die Lackschicht gegen den Austritt störender Holzinhaltsstoffe. Als Porenfüller und Porenfüllflüssigkeiten kommen die gleichen wie bei Nitrolacken zur Verwendung. Jedoch ist es angebracht, sich bei Lackherstellern darüber zu informieren. Das Mischungsverhältnis von Porenfüller und Porenflüssigkeit ist von Art und Zustand des Holzes abhängig. Damit die Poren der ganzen Tiefe nach gefüllt und aufgetretene Leimdurchschläge gefärbt werden können, soll das Füllgut dünnflüssig und schwach pigmentiert sein. Bei geringporigem Holz genügt Einlassen mit Porenflüssigkeit, kommt aber bei Ahornholz wegen Vergilbung in Wegfall. Da Patinierfarben auf Füllgrund umschlagen können, zieht man hierüber den Macklieferer zu Rate. Unsachgemäßes Porenfüllen und Grundieren mindert die Haftfestigkeit des Polyesterlackes und hat Farbänderungen zur Folge.

Isoliergrundierung kann man nur bei wenigen Holzarten einsparen, z. B. bei solchen mit geschlossenen Poren. Unbedingt notwendig ist sie bei Iroko, Makassar, Mansonia, Palisander, Redwood, Teakholz, Zebrano und Wurzelmaser. Ohne Isoliergrund haftet UP-Lack bei diesen Hölzern infolge ihren großen Mengen von Holzinhaltsstoffen (15...35%) nicht; diese beeinträchtigen auch teilweise die Härtung. Bei den vorgenannten Hölzern ist folgende Vorbehandlung notwendig, die bei sorgfältiger Durchführung Erfolg verbürgt:

- Zur Beseitigung von Fett, Öl, Wachs, Fingerschweiß und sonstigen Verunreinigungen das Holz mit Spritzverdünnung auswaschen, gut durch- und mit frischer Putzwolle nachreiben
- Porenfüller nach Vorschrift des Lackherstellers anwenden

- nach Trocknung des Porenfüllers mit vorgeschriebenem Isoliergrund im Kreuzgang satt beschichten
- anschließend die beschichtete Fläche 24 Stunden bei mindestens 18° C trocknen lassen
- mit Schleifpapier Nr. 120...150 Zwischenschliff machen.

9.2.3.5 Auftrag des Lackes

Polyesterlacke werden hauptsächlich durch Spritzen und Gießen aufgetragen. Für geschlossenporige Beschichtung beträgt die aufzutragende Menge 500...800 g je m^2. Wegen der kurzen Topfzeit des Gemisches wird die notwendige Menge berechnet und das Gemisch in einem Zuge verarbeitet. Bei einem Lackauftrag von 500 g/m^2 hat die fertige Lackschicht eine Stärke von 0,4...0,5 mm.

Wenn die Lackschicht Narben zeigt oder die Holzstruktur sich abzeichnet, ist die Schichtdicke zu gering. Stellen mit zu dünnem Lackauftrag oder Löchern im Untergrund können nach 15 bis 20 Minuten ausgegossen bzw. zugespritzt werden.

Beim Spritzauftrag arbeitet man mehrmals im Kreuzgang, bis die nötige Schichtdicke erreicht ist (Düsenweite 1,5...1,8 mm, Spritzdruck 1,5...2,5 bar). Der Abstand der Pistole vom Holz beträgt 20...25 cm, die Pistole ist im rechten Winkel zu der zu spritzenden Holzfläche zu führen. Bei zu hohem Spritzdruck enthält der Lack Luft und die Blasen entweichen nicht vollständig während der Aushärtung; dadurch verbleiben nach dem Schleifen viele kleine Krater an der Oberfläche.

Da Polyesterlacke lösemittelfrei sind, läßt sich die gesamte Schicht grundsätzlich in einem Spritzgang aufbringen. In der Praxis gibt man aber oft zwei bis drei von kurzen Pausen unterbrochenen Spritzgängen den Vorzug, um die vollständige Entgasung sicherzustellen und mechanische Spannungen in der Schicht gering zu halten. Dabei ist möglichst naß in naß zu spritzen, damit das gesamte Paraffin bis zur Oberfläche ausschwimmen kann. Vergehen zwischen dem 1. und 2. Spritzauftrag mehr als 15 Minuten und ist die Gelierung (Eindickung, Aushärtung) bereits zu weit fortgeschritten, so haftet die Zweitschicht nicht genügend. Nach dem Gelieren ist ein weiterer Lackauftrag nur möglich, wenn nach völligem Aushärten die Paraffinschicht sorgfältig abgeschliffen ist.

Bei stehenden Flächen, etwa Gehäusen, oder bei starken Krümmungen verwendet man thixotrope UP-Lacke. Diese sind zähflüssig, werden aber durch Rühren für kurze Zeit dünnflüssig. Der Lack läßt sich in diesem Zustand gut auftragen, dickt aber gleich wieder ein, wenn er in Ruhe gelassen wird. Mit diesen Lacken ist besonders sorgfältig zu verfahren, da sich sonst Luftblasen bilden können.

Beim Aufgießen des Polyesterlacks mit der Hand dient zur Verteilung ein Lackkamm oder Pinsel (sofort nach Gebrauch reinigen!). Die Werkstücke müssen genau waagrecht liegen, da die gesamte Lackmenge auf einmal aufgebracht wird. Nach dem

Verteilen läßt man die Lackfläche in Ruhe; nachträgliches Korrigieren des Verlaufs bringt Schwierigkeiten in der Trocknung.

In der Serienfertigung trägt man Polyesterlacke mit der Gießmaschine auf. Beim *Doppelkopf-Gießsystem* werden zwei Lackfilme unmittelbar hintereinander aufgebracht, wobei der eine Gießkopf Stammlack und Härter, der andere Kopf Stammlack und Beschleuniger enthält. Die Vermischung der beiden Lacke erfolgt dadurch erst auf der Holzoberfläche. Ein Vorteil dieses Verfahrens ist die längere Verarbeitungsfähigkeit der Lackgemische gegenüber dem Untermischverfahren.

Beim *Reaktions- oder Startgrundverfahren* trägt man zunächst eine meist aus Nitrozellulose bestehende Grundierung auf, die die zur Härtung der darüberkommenden Polyesterschicht notwendigen Peroxide enthält. Nach einer mehrstündigen Trockenzeit wird mit Polyester-Stammlack überschichtet, dessen Härtung dann vom Untergrund aus erfolgt.

9.2.3.6 Trocknung und Härtung

Bei Raumtemperatur braucht die Polyesterschicht 12 bis 24 Std. zur Aushärtung, bei 50° C nur etwa 4 Std. Spezielle Trockenverfahren verkürzen die Zeit auf 15 bis 20 Min.; der Schnellhärtung soll eine ½- bis 1½-stündige Lufttrocknung bei Raumtemperatur vorausgehen. Eine weitere Bearbeitung darf erst nach der vollständigen Durchhärtung einsetzen.

Wie beim Auftrag müssen die Werkstücke auch bei der Trocknung vollständig waagrecht liegen. Bis zur völligen Durchhärtung ist eine Berührung oder Beschädigung der Paraffinschicht zu vermeiden, da Störungen wie Fingerabdrücke o. ä. auch in der fertig polierten Fläche noch erkennbar sind.

9.2.3.7 Überzüge auf Intarsien und zusammengesetzten Furnieren

Bei Intarsien oder zusammengesetzten Furnieren liegen oft abfärbende Hölzer neben nicht färbenden (z. B. Ebenholz oder Palisander neben Ahorn, Birke usw.). Hier besteht die Gefahr, daß beim Schleifen und den folgenden Arbeitsschritten Schleifstaub und durch Lack gelöste Farbstoffe der dunklen Hölzer die hellen Nachbarflächen verunreinigen. Um dies zu vermeiden, wird der Schleifstaub besonders sorgfältig abgebürstet. Das darauffolgende Einlassen erfolgt am besten mit der Spritzpistole, wobei der erste Auftrag nur aufgenebelt wird, um möglichst wenig Lösemittel auf die Furnierfläche zu bringen. Nach Trocknung dieser ersten leichten Grundierung kann normal weitergearbeitet werden.

Bei Beschichtung von Intarsien mit Polyesterlack sind je nach Holzart 1 ... 2 Grundlackaufträge erforderlich. Nach deren Trocknung wird leicht geschliffen und mit Polyester beschichtet.

9.2.4 Nachbearbeitung (Polyester-Polierverfahren)

9.2.4.1 Schleifen

Verfügt man nicht über spezielle Wärmeanlagen, so empfiehlt es sich, die beschichteten Gegenstände über Nacht, besser 36 Stunden lang aushärten zu lassen. Bei längerer Wartezeit erschwert sich infolge der zunehmenden Härte die Schleif- und Schwabbelarbeit. Zum Schleifen kann man sich der Bandschleifmaschine (23 m je Sekunde), des Rutschers und des Winkelpolierers bedienen. Schleifbänder müssen gleichmäßiges Korn und offene Streuung haben. Zum Aufweichen verhärteter Schleifmittelkrusten benützt man Schleifflüssigkeit. Der Vorschliff, d. i. Abschliff der Paraffinschicht, erfolgt trocken mit Schleifpapier der Körnung 280 bis 320, der Nachschliff mit Schleifflüssigkeit und Schleifpapier Körnung 500 bis 600. Dabei tritt Erwärmung bis 100° C auf. Zum Fein-, Seidenglanz- und Mattschleifen eignet sich Stahlwolle Nr. 1 oder 0. Die Bandgeschwindigkeit darf bei Verwendung von Stahlwollebändern normaler Feinheit 10 bis 12 m/s, bei höherer Feinheit 5 bis 6 m/s nicht übersteigen. Für den Mattschliff gibt man etwas Mattpaste zu.
Bei Kleinmöbeln, Fernsehkästen usw. bewährt sich das Abziehen mit der Lackziehklinge.

9.2.4.2 Schwabbeln

Während bei den sonstigen Polier- und Schwabbellacken bis zum Auspolieren 2, bis zum Ausschwabbeln 4 Tage Zwischenzeit bei normaler Temperatur nötig sind, verringert sie sich bei Polyesterlacken auf 15 bis 18 Stunden. Um schädliche Hitzeentwicklung zu vermeiden, ist die Drehzahl der Schwabbelscheibe mit 600 bis 800/min. anzusetzen. Schwabbelscheiben mit Kühlrippen bieten größere Sicherheit gegen Überhitzung. Wie bei Nitrolacken ist mit Nesselscheiben vor- und mit Moltonscheiben nachzuschwabbeln (vgl. Seite 141).

9.2.4.3 Polieren

Das Polieren geschieht am wirtschaftlichsten mit Filz- oder Florband. Ob man salbenartige Polierpasten, flüssige Poliermittel oder feste Polierwachse benützen will, läßt sich nur von Fall zu Fall entscheiden. Flüssige Mittel haben sich gut bewährt, weil sie leichter zu dosieren sind. Salbenartige Pasten kühlen zwar besser als Wachse, werden aber leicht abgeschleudert und verunreinigen ohne besondere Auffangvorrichtungen die Umgebung. Obwohl man auch in einem Arbeitsgang Hochglanz erzielen kann, ist es besser, mit einer vertikal laufenden Stoffschwabbel auszupolieren. Erst dann zeigt die UP-Fläche die volle Schönheit ihres Glanzes.

Arbeitet man mit Wachsen, so nimmt man zuerst grobes, dann feinkörnigeres Material. Immer ist darauf zu achten, daß Druck und Wärme nicht zu groß sind, weil sonst Wachs in die Oberfläche hineingearbeitet wird. Zu heiß gewordene Lacke sacken oft erst nach Stunden nach und es zeigen sich eingefallene Poren.

9.2.4.4 Polish

Der Polish-Arbeitsgang beseitigt die letzten Wachs- und Poliermittelreste, gleicht Kratzer aus und vertieft den Glanz. Die Arbeitsweise mit dem hervorragenden Spezial-UP-Polish ist die gleiche wie bei Nitrolacken. Guter Erfolg ist mit der Schwammgummischeibe am Winkelschleifer zu erwarten.

Das vielfach empfohlene Nachpolieren mit Schlußpolitur erweist sich nicht immer als vorteilhaft, da hierdurch die Kratzfestigkeit gemindert wird, der klare Glanz des Polyesters bei sorgfältiger vorschriftsmäßiger Arbeit schon erreicht ist. Nachpolieren mit Schlußpolitur beschränke man auf Reparaturen.

9.2.4.5 Mattglanz

Die zu bearbeitenden Flächen werden mit Schleifpapier Nr. 240–280 trocken vorgeschliffen und anschließend mit Schleifpapier Nr. 400 unter Anwendung von Mattpaste nachgeschliffen. Nach dem Schleifen reibt man die Fläche mit Abpolierwasser und Polierwatte ab. Matteffekt ergibt sich auch durch Mattbürsten oder Abschleifen mit Stahlwolle.

9.2.4.6 Ausbessern

Wenn sich in farbiger Polyesterschicht Fehler zeigen, ist eine Neubeschichtung nicht zu umgehen (Entfernung der UP-Schicht s. Seite 105). In ungefärbten Schichten schleift man kleine Vertiefungen, Kratzer, Löcher aus und stupft mit einem Hölzchen zuerst ein wenig Härter und danach Stammlack auf. Man arbeitet also nicht mit fertiger Mischung, weil kleine Mengen im richtigen Verhältnis schwer herzustellen sind. Da sich die ausgehärtete Schicht nicht anlöst, können sich jedoch bei unsorgfältiger Arbeitsweise Ränder bilden. Kleinere Schadstellen lassen sich durch Anschleifen und Überstreichen mit UP-Mischung ausbessern. Dieses Streichverfahren eignet sich besser, weil auf der ursprünglichen Schicht keine dünnen Übergänge, die nach dem Schwabbeln als sogenannte Höfe in Erscheinung treten, verbleiben. Wenn die ausgebesserten Stellen gut durchgetrocknet sind, schleift man sie sauber und schwabbelt nochmals. Bei größeren Kratern im Film lackiert man nicht aus, sondern schleift das Ganze bis zur Ebene der tiefsten Stelle ab und beschichtet neu mit Polyesterlack bzw. Nitropolier- oder Schwabbellack. Bei letzteren sind jedoch zwei Spritzgänge notwendig, damit ein Dünnschleifen bis zur restlichen UP-Schicht vermieden wird. Anschließend kann man mit Spezialpolitur oder Benzoe nachpolieren. Mattglanzbeschädigungen lassen sich mit einem Gemisch aus 5% Mattlack und 95% Mattlackverdünnung (keine Nitrolöser!) mit Hilfe eines kleinen Zerstäubers beheben. Reparaturen mit Nitrolacken sind einfacher und für den ungeübten Schreiner sogar ratsamer, weil unfachmännisches Ausbessern mit Polyester den Schaden vergrößert.

9.2.5 Entfernen von Polyesterschichten

Polyester kann nach Erwärmen mit dem Bügeleisen („Abbügeln") oder Infrarotstrahler auf 200 ... 250° C mit der Spachtel mühelos von der Holzfläche abgeschoben werden. Auch mit Hilfe von Spezialabbeizern ist ein ausreichendes Aufweichen zu erreichen. Die freigelegte Holzfläche wird mit einem Spezialreiniger von anhaftenden UP-Resten gesäubert und dann geschliffen.

9.2.6 Gefahrenhinweise; Lagerung

Polyesterlacke sind insbesondere durch die als Härter wirkenden organischen Peroxide und Beschleuniger gesundheitsschädlich und gefährlich. Daher ist peinliche Sauberkeit erforderlich. Berührung der UP-Gemische mit leicht brennbaren Substanzen ist zu vermeiden. Wern z. B. die Mischung von Stammlack und Härter in Gefäßen mit eingetrockneten Nitrozelluloserückständen vorgenommen wird, können sich diese entzünden. Nichtverbrauchte Reste des Lackgemisches und mit diesem getränkte Putzwolle gießt bzw. wirft man in einen wassergefüllten Abfallkübel. Verschütteter Härter ist unverzüglich mit Putzwolle aufzunehmen und die verunreinigte Stelle mit Nitro- oder Waschverdünnung nachzuwischen. Der Lappen darf nicht liegen bleiben oder in den Ofen geworfen werden, sondern ist außerhalb des Gebäudes zu vernichten. Je nach Art der Härter und Beschleuniger liegt der Flammpunkt der UP-Lacke unter oder über 21° C. Im ersten Fall gilt der Arbeitsraum als explosionsgefährdeter, im zweiten Fall als feuergefährdeter Bereich. Dementsprechend sind die Sicherheitsvorkehrungen zu treffen.
Polyesterlacke rufen wie Nitrolacke Entzündungen der Atmungsorgane hervor. Es ist deshalb für einwandfreie Entlüftung und Absaugung zu sorgen. Auf die Haut gelangter Härter ist umgehend mit Wasser und Seife zu entfernen. Keinesfalls Lösemittel verwenden! Die betroffenen Hautstellen mit 5%iger Sodalösung gründlich spülen und mit Fettcreme einreiben! Stets Gummihandschuhe benützen.
Härterspritzer ins Auge können Verlust des Augenlichts bedeuten. Daher Schutzbrille tragen. Bei Augenverletzungen mit 2%iger Natriumbikarbonatlösung mehrere Minuten spülen, mit fließendem Wasser bei gut geöffnetem Lidspalt nachspülen. Wasserspülung allein ist oft nur innerhalb der ersten halben Minute wirksam. Danach sofort zum Augenarzt gehen, der über Art und Wirkung der Katalysatoren und

Beschleuniger und über Hinweise des Informationsmerkblatts unterrichtet werden muß.

Bezüglich der Lagerung sind die amtlichen Bestimmungen einzuhalten, die eine feuersichere Abtrennung, möglichst abseits der übrigen Betriebsräume, vorschreiben. Über zulässige Lagermengen und Ausstattung der Räume gibt das zuständige Gewerbeaufsichtsamt Auskunft. So darf im Lackierraum nur die Verbrauchsmenge für einen halben Tag aufbewahrt werden. Deswegen ist es vorteilhaft, weitere Lackmengen in einem leicht erreichbaren Vorratsraum unterzubringen. Polyester- und Nitrozelluloselacke können zusammen gelagert werden. Jedoch ist zu vermeiden, daß Härter mit Stammlack oder Nitropräparaten in Berührung kommt. Für Vorräte sind saubere Originalgebinde zu verwenden, die kühl, vor Licht geschützt und feuersicher gehalten werden müssen. Obwohl Polyesterlacke nicht sehr empfindlich sind, wirken sich zu hohe oder niedrigere Lagertemperaturen ungünstig aus. Bei Wärme über 25° C sinkt die Haltbarkeit, unter 0° C kann es zur Abscheidung von Paraffinanteilen kommen. Die Lagerfähigkeit ist begrenzt.

Behälterkennzeichnung: Inhaltsangabe, Gefahrensymbole „gesundheitsschädlich" und „leichtentzündlich" bzw. Vermerk „entzündlich".

9.2.7 Tabelle: Fehler bei der UP-Beschichtung und ihre Ursachen

Fehler	Ursachen
Ungleichmäßige Lackschicht	Raumtemperatur unter 18 oder über 30° C, Lacktemperatur unter 18 oder über 22° C, Sonneneinstrahlung, Zugluft, zu kalte Spritzluft, alter Lack
Umschlagen des Farbtones, Grauwerden des Lackes	nichtausgetrocknete Porenfüllung, fehlende Grundierung
Schlechter Verbund	wie oben Holzfeuchtigkeit über 12%, Raumfeuchtigkeit über 70% Füll- und Haftkörper oder andere Zusatzmittel in Beizen; Lösemittelanteil der Beize über 5%, Beizüberschuß auf der Holzoberfläche Wachs, Hautcreme, Schleif- und Schwabbelabsonderungen auf der Oberfläche Lösemittelreste der Patinierfarben bei bestimmten Hölzern Fehlen der Grundierung zu großer Zeitabstand zwischen den Spritzgängen ungenügender Holzschliff

Poren im Lack, sog. Nadelstiche	Lack zu kalt, Raumtemperatur zu niedrig Porenfüllung ungenügend getrocknet Spritzdruck zu hoch Öl oder Wasser in der Druckluft
Narbige Oberfläche, sich abzeichnende Holzstruktur	zu geringe Lackschichtdicke
Lack schlecht schleifbar	Raumtemperatur unter 18 oder über 30° C; Lackschichtdicke zu klein Lackfläche zu früh erwärmt
Wachs in der UP-Schicht	zu hoher Spritzdruck; übermäßige Wärme
Riefen beim Schleifen	falsche Schleifmittel; untaugliche Schleifbänder
beim Schwabbeln auftretende Blasen	Holzfeuchtigkeit über 12%; Untergrund zu dick aufgetragen; Hitzeentwicklung durch starkes Aufdrücken oder längeres Verweilen an einer Stelle
weiße Flecken („Kuhaugen")	ungenügendes Haften des Untergrundes; unverdunstete Bleichmittel; ungeeignete Lichtschutzmittel
weiße Fugen an den Kanten	fälschliche Verwendung von Neopren-Kleber
sich ablösende Kanten	falsche Trocknung, zu hohe Temperaturen; Patinierung oder Grundierung nicht durchgetrocknet; Lackauftrag zu dick
Lackrisse	Oberfläche des Holzes nicht einwandfrei vorbearbeitet; Untergrund nicht ausgetrocknet; Lackschicht zu dick
Schrumpfung der Lackschicht	Rückseite nicht beschichtet
Zerstörung des Lackes	chemische Reinigungsmittel auf die Schicht gebracht

107

9.3 Polyurethan-Lacke (DD-Lacke, PUR-Lacke)

9.3.1 Zusammensetzung des Lackes

Polyurethanlacke werden auch DD-Lacke genannt; diese Bezeichnung beruht auf dem Handelsnamen ihrer Komponenten. Der Stammlack ist **D**esmophen, ein modifiziertes gesättigtes Polyesterharz mit freien OH-Gruppen. Als Härter dient **D**esmodur, ein reaktionsfähiges Isocyanat. Bei der Reaktion beider Stoffe (Polyaddition) entsteht der sehr widerstandsfähige Kunststoff Polyurethan, etwa nach folgendem Schema:

HO–R–OH + O=C=N–R'–N=C=O + HO–R–OH → –O–R–O–CO–NH–R'–NH–CO–O–R–O–
Dialkohol   Diisocyanat   Dialkohol   Polyurethan

Die Grundstoffe Desmophen und Desmodur wurden erstmals 1937 von den Lackfabriken Bayer hergestellt und sind heute Basis zahlreicher Kunststoffe insbesondere für die Oberflächenbeschichtung. Durch geeignete Kombination der Komponenten lassen sich die Eigenschaften des Überzugs (z. B. Härte, Elastizität) optimal auf das zu beschichtende Material abstimmen. Dies erfordert jedoch völlige Vertrautheit mit der Materie.

Polyurethanlacke eignen sich als Duplolacke für Grundierung und Endbeschichtung gleichermaßen. Sie werden als farblose und durch Abtönpasten einfärbbare Klarlacke, als gefüllte Grundierungen (Seite 123) sowie als pigmentierte Farblacke produziert.

Die Oberflächenstruktur wird vom Hersteller in mehrere Abstufungen von hochglänzend bis matt eingestellt, auch Struktureffekte sind zu erzielen, z. B. Hammerschlageffekt durch Siliconzusatz.

Neben den Zweikomponentenlacken sind auch Einkomponentenmischungen im Handel (Eiko-Siegel), bei denen die beiden Bestandteile bereits vermischt sind und die Härtung teilweise schon vorweggenommen ist. Die vollständige Aushärtung erfolgt durch Abdampfen des Lösemittels und Einwirkung des Wasserdampfes der Luft und wird durch Temperaturerhöhung beschleunigt. Der Einsatz der Einkomponentenlacke ist dann am Platz, wenn eine Verarbeitung von normalen Zweikomponenten-Lacken schwierig oder nicht möglich ist (z. B. auf Baustellen) und ihre geringere Widerstandsfähigkeit in Kauf genommen werden kann.

9.3.2 Eigenschaften des Lackfilms, Einsatzgebiete

Positive Eigenschaften: Polyurethanüberzüge gehören zu den mechanisch und chemisch beständigsten Oberflächenbeschichtungen. Sie sind sehr haftfest, elastisch, hitze- und kältefest, sowie besonders kratz- und abriebfest. Von verdünnten Säuren und Laugen, vielen organischen Lösemitteln, sowie Ölen und Fetten werden sie nicht angegriffen. Sie sind weitgehend wetter- und seewasserfest und können mit Lebensmitteln in Berührung kommen, ohne deren Geschmack zu beeinträchtigen (gesundheitlich unbedenklich).

Negative Eigenschaften: Vergilbung durch ultraviolette Lichteinstrahlung ist ein allen PUR-Lacken anhaftender Mangel. Man kann sie durch Zusatz von Lichtschutzmitteln oder vor allem bei hellen Hölzern durch eine Grundierung mit Reaktionslichtschutz verzögern.

Zum Bleichen verwendetes Wasserstoffperoxid führt mit den meisten Härtern zu Gelb- bis Braunfärbung. Daher sind andere Bleichmittel oder Spezialhärter zu verwenden.

Die mechanische und chemische Widerstandsfähigkeit von Einkomponentenlacken ist gut, jedoch deutlich schwächer als die der Zweikomponentenprodukte. Ihre Lagerfähigkeit ist begrenzt, besonders bei angebrochenen Gebinden.

Einsatzgebiete: Wegen ihrer überragenden Widerstandsfähigkeit werden PUR-Lacke zum Schutz hochstrapazierter Gegenstände, z. B. von Tischplatten, Schul- und Küchenmöbeln, Laboreinrichtungen, Sportgeräten, Skiern, sowie zur Versiegelung von Hart- und Weichholzböden verwendet.

9.3.3   Verarbeitung des Lackes

9.3.3.1 Arbeitsraum

Wegen der Freisetzung größerer Mengen von Lösemitteldämpfen bei der Verarbeitung von DD-Lacken ist auf gute Durchlüftung bzw. Absaugung der Arbeitsräume zu achten. Die Temperatur soll nicht unter 20° C liegen, die relative Luftfeuchte 70% nicht übersteigen.

9.3.3.2 Ansetzen des Lackgemisches

Stammlack und Härter werden nach Angaben des Herstellers je nach ihrer chemischen Aufbau meist im Verhältnis 2:1 bis 1:1 in sauberen Glas-, Porzellan- oder Metallgefäßen gemischt. Die Mischung ist sofort verwendbar. Ihre Topfzeit beträgt in der Regel 24 Std., daher ist nur der Tagesbedarf anzusetzen. Lichtschutzzusätze zur Verzögerung der Vergilbung können dem fertigen Gemisch bei Bedarf nach Herstellerangaben beigemischt werden. Bereits gelierendes Lackgemisch ist nicht mehr verwendbar. Zum Verdünnen darf man nur die vom Lieferanten vorgeschriebene Verdünnung verwenden. Nitro- und alkoholhaltige Verdünner führen zur Entmischung, verbrauchen den Härter durch Reaktion mit diesem und beschleunigen die Härtung des Gemisches. Ungehärtete PUR-Lacke reagieren sehr empfindlich auf Verunreinigungen. Daher ist auf reine Gefäße und peinliche Sauberkeit bei der Arbeit zu achten.

9.3.3.3 Vorbereitung des Holzes

Wegen der Empfindlichkeit der noch nicht gehärteten PUR-Lacke gegenüber Fremdstoffen müssen die zu behandelnden Holzoberflächen trocken, schmutz-, staub-, öl- und wachsfrei sein. Harzhaltige und fettige Hölzer sind vor dem Lackauftrag mit Zelluloselack-Verdünnung auszubürsten. Spezialprodukte erhöhen die Haftung auf ölhaltigen Hölzern. Normale Holzbeizen lassen sich verwenden; Ammoniakzusatz stört laut Herstellerhinweis nicht. Die Holzfeuchtigkeit darf maximal 12% betragen.

Die Verwendung der normalen Härtertypen führt beim Bleichen des Holzes vor allem mit Wasserstoffperoxid, aber auch mit Natriumbisulfit durch Reaktion meist zu Gelb- bis Braunfärbung, mit Oxalsäure zu Rosafärbung. Es gibt daher Spezialhärter, die ohne Gefahr der Verfärbung eingesetzt werden können, aber nur für bestimmte Lacktypen geeignet sind. In jedem Fall sind die Ratschläge des Lackherstellers zu befolgen.

Bei der Versiegelung alter Fußböden ist oft gründliches Abziehen oder Abschleifen nötig, wenn Öle oder Wachse zu tief eingedrungen sind und ihre Entfernung mit Lösemitteln nicht ausreichend gelingt. Die Bodenbretter werden dadurch heller, nach dem Versiegeln jedoch wieder dunkler. Da Parkettriemen nicht vom gleichen Stamme sind, ist ihr Naturton verschieden. Durch die anfeuernde Wirkung des PUR-Lackes tritt der Unterschied von Hell und Dunkel noch stärker in Erscheinung. Darüber ist der Auftraggeber vor Ausführung der Arbeit zu belehren. Bei nicht unterkellerten Räumen ist zu prüfen, ob durchdringende Feuchtigkeit die Versiegelung möglicherweise beeinträchtigt.

9.3.3.4 Grundierung

Polyurethanlacke sind hervorragende Grundierungen. Sie eignen sich auch als Sperrgrund unter anderen Lacken zur Absperrung von störenden oder schädlichen Holzinhaltsstoffen. Voraussetzung für eine optimale Versiegelung mit DD-Lacken ist, daß Grundierung und Überzug aus demselben Material bestehen (Einschichtüberzüge), besonders bei kritischen Außenarbeiten (Seite 112).

Zum Grundieren werden dem PUR-Lack 30 ... 50% der vorgeschriebenen Verdünnung zugegeben, um durch tiefes Eindringen ins Holz und Härtung der oberen Holzzellen eine intensive Verankerung zu erzielen. Optimaler Schutz gegen Vergilbung durch Licht ist gegeben, wenn alle aufgetragenen Schichten, also auch die Grundierung, mit Lichtschutzpräparaten versetzt sind. Dies gilt besonders für helle Hölzer, die man auf diese Weise weitgehend lichtecht mit DD-Lacken beschichten kann.

110

9.3.3.5 Auftrag des Lackes

Der Auftrag des Lackgemisches kann mit Pinsel, Spritzpistole oder durch Gießen, Walzen etc. erfolgen. Für einfache Versiegelungen genügt 2 ... 3 maliges Auftragen; für wetterbeanspruchte Gegenstände ist je nach Holzart 4 ... 5 maliges Beschichten zur vollständigen Schließung der Poren notwendig. Die einzelnen Aufträge sollen möglichst dünn sein, damit Blasen entweichen können und das Lösemittel leicht abdunstet. 100 ... 200 g/m^2 Lack je Auftrag dürfen nicht überschritten werden. Zwischen den Aufträgen liegt je nach Fabrikat eine Trockenpause von 4 ... 8 Stunden (Herstellerangaben beachten!). Nach Trocknung jeder aufgetragenen Lackschicht ist ein leichtes „Abrasieren" der Porenspitzen mit Schleifpapier oder Ziehklinge anzuraten.

Beim *Spritzen* arbeitet man mit einem niedrigen Überdruck von 1 ... 1,5, höchstens 2,5 bar und einer Düsenweite von 1,5 mm. Die Viskosität soll ebenfalls niedrig sein: Auslaufzeit für den 4 mm-Din-Becher bei 20° C 10 ... 15 Sekunden.

Die Gefahr der Luftblasenbildung in der aufgetragenen Schicht ist gegeben bei

- zu dicker Konsistenz des Lackgemisches oder zu dickem Schichtauftrag. Das Lösemittel kann aus den unteren Schichten nicht genügend austreten;
- zu hohem Spritzdruck oder zu geringem Spritzabstand;
- zu hoher Luftfeuchtigkeit; in diesem Fall ist das Lackgemisch zu verdünnen;
- zu hoher Erwärmung im Trockenraum ohne ausreichende Vortrocknung;
- zu niedriger Holztemperatur. Gegenstände daher schon vorher in den Arbeitsraum bringen, damit Temperaturangleichung stattfindet; nicht auf kalte Gegenstände lackieren!

Bei stetig fortlaufender Verarbeitung ist es vorteilhaft, Doppelkopf-Spritzgeräte zu benützen, bei denen Lack und Härter getrennt zugeführt und erst im Spritzstrahl gemischt werden (Seite 145).

9.3.3.6 Trocknung und Härtung

Bei 20° C Raumtemperatur ist die Lackschicht

staubtrocken	nach	30 Minuten
klebfrei	nach	2– 3 Stunden
überstreich- bzw. überspritzbar	nach	5– 6 Stunden
transportfähig	nach	9–10 Stunden
vorsichtig begehbar (Fußböden)	nach	16 Stunden
schleifbar	nach	24 Stunden
polierfähig	nach	3– 4 Tagen
durchgehärtet bei Innenarbeiten	nach	4– 5 Tagen
durchgehärtet bei Fußböden	nach	5– 8 Tagen

Die Trockentemperatur darf 15° C nicht unterschreiten, sonst bleibt die Aushärtung unvollständig. Bei 15° C verlängern sich die angegebenen Zeiten um den Faktor 1,5 bis 2. Durch Temperatursteigerung verkürzt sich die Härtezeit wesentlich; sie beträgt bei 80° C etwa 2 ... 3 Std., bei 150° C nur noch 15 ... 30 Min. Frisch lackierte Hölzer dürfen erst nach 2 Std. wärmegetrocknet werden.

9.3.4 Nachbearbeitung

Zur Erzielung einer seidenmatten Oberfläche schleift man die letzte Schicht nach Durchtrocknung zunächst mit Schleifpapier Nr. 220 und Testbenzin, bis alle Poren eingeebnet sind. Der Nachschliff erfolgt mit Schleifpapier Nr. 320; Nachreiben mit Stahlwolle Nr. 00 in Richtung der Holzfaser ist angebracht. Die geschlossene Fläche zeigt nun Seidenglanz. Schwabbeln geschliffener Flächen ist möglich und erzeugt einen feinen Glanz.

9.3.5 Entfernung einer PUR-Lackschicht

Ein PUR-Lacküberzug konnte früher nur durch Abschleifen oder Abkratzen entfernt werden. Heute gibt es Spezialabbeizer, die DD-Lacküberzüge gut lösen. Man bringt den Abbeizer durch Streichen oder Spritzen satt auf die Lackfläche auf und schabt ihn nach etwa einer Stunde zusammen mit den Lackrückständen mit der Spachtel ab.

9.3.6 Besondere Hinweise für Außenarbeiten

DD-Lack ist für die Außenversiegelung aller Hölzer geeignet, wenn sie einwandfrei durchgeführt wird. Für die Haltbarkeit ist die Holzfeuchte mitentscheidend. Übersteigt der Feuchtegehalt des Holzes 15%, so muß mit frühzeitigen Schäden gerechnet werden.
Am Bau soll bei kaltem und feuchtem Wetter (Nebel, Tau, usw.) und unter direkter Sonneneinwirkung keine DD-Versiegelung vorgenommen werden. Die dem Mauerwerk zugewandten Einbauteile müssen einmal grundiert und mindestens zweimal mit DD-Lack überzogen sein. Stöße, Fugen und Löcher sind zu vermeiden, gegebenenfalls zu verschließen, scharfe Kanten zu brechen. Bei Holzkonstruktionen für außen ist für rasche Wasserabführung zu sorgen; Sperrholz muß wetterfest verleimt sein.
Für den ersten Auftrag ist das Lackgemisch mit 30 ... 50% DD-Verdünnung zu mischen, damit sich der Lack im Holz richtig verankern kann. Es sind nur derartig verdünnte DD-Lacke, keinesfalls andere Grundiermittel zu verwenden; Gesamtbeschichtung 3 ... 5fach. Wetterfestigkeit ist nur dann zu erreichen, wenn der Überzug

sorgfältig aufgebracht und jede ausgehärtete Schichtlage vor Aufbringung der nächsten angeschliffen wird. Bei bewitterten Holzgegenständen deuten schwarze Poren am Holz darauf hin, daß der Lack vielfach schon weg ist. In diesem Falle erfordert die Nachbehandlung größeren Arbeitsaufwand. Ein Beispiel aus der Praxis: 4 mal beschichtetes Eichenholz (Pinselauftrag) wurde im Freien nach 5 Jahren matt und erforderte eine Neubeschichtung. Nach Anschliff der schadhaften Stellen zur Erzielung einer guten Haftfestigkeit wurde das gesamte Werkstück 3 mal überlackiert. Darauf hielt es 5 weitere Jahre der Bewitterung stand.

9.3.7 Gefahrenhinweise, Lagerung

PUR-Lacke sind durch ihren Gehalt an Lösemitteln feuergefährlich. Ihre gesundheitsschädliche Wirkung auf Augen, Atmungsorgane und Magen ist geringer als bei Säurehärterlacken.
Der Stammlack ist bei normaler Temperatur unbegrenzt haltbar, der Härter dagegen ist sehr feuchtigkeitsempfindlich. Gut verschlossen, dunkel und kühl gelagert (Kühlschrank), ist er nach dem Öffnen der Gebinde etwa 6 Monate haltbar. Die Behälter sind nach einer Entnahme sofort wieder sorgfältig zu schließen. Bei jeder Entnahme vergrößert sich über der Flüssigkeit das Luftpolster und damit die Menge der eingebrachten Feuchtigkeit. Diese reagiert mit dem Inhalt und macht ihn durch Gelieren unbrauchbar. Aus dem gleichen Grund ist auch die Haltbarkeit der Einkomponentenlacke bei angebrochenen Gebinden begrenzt. Eine Überschichtung mit trockenem, sauerstofffreiem Schutzgas[1]) kann die Haltbarkeit auf ein Mehrfaches verlängern.
Behälterkennzeichnung: Inhaltsangabe, Gefahrensymbole „gesundheitsschädlich" und „leichtentzündlich" bzw. Vermerk „entzündlich" (entspr. Herstellerangabe)

9.4   Polyurethan-Acrylharzlacke

9.4.1 Zusammensetzung des Lackes

Die Polyurethan-Acrylharzlacke sind verwandt zu den Polyurethanlacken. Der Stammlack ist ein Polyacrylharz, der Härter wie bei PUR-Lacken Desmocur. Das Reaktionsprodukt ist ein Polyurethanfilm von hoher Widerstandsfähigkeit.
Polyurethan-Acrylharzlacke sind Duplolacke; sie eignen sich für Grundierung und Endbeschichtung in gleicher Weise und liefern in dieser Kombination die besten Ergebnisse. Wie DD-Produkte werden sie als farblose oder getönte Klarlacke, gefüllte

---

1) z. B. „Druckluft in der Dose", erhältlich im Fotozubehörhandel

Grundierungen sowie pigmentiert als Farblack hergestellt. Ihre Oberflächenstruktur reicht von glänzend bis matt über mehrere Abstufungen.

9.4.2 Eigenschaften des Lackfilms; Einsatzgebiete

Eine hervorstechende Eigenschaft der Acrylharzlacke gegenüber DD-Lacken ist ihre helle Durchsichtigkeit und ihre Lichtechtheit. Vergilbungen wie bei DD-Lacken treten bei Acrylharzlacken kaum auf. Sie werden daher besonders dort eingesetzt, wo neben den ausgezeichneten mechanischen und chemischen Eigenschaften noch die Erhaltung des Holztons insbesondere bei hellen Hölzern gefordert ist, z. B. bei dekorativen Wandverkleidungen, Naturholztüren, Wohn- und Büromöbeln, Gaststätteneinrichtungen.

9.4.3 Verarbeitung des Lackes

9.4.3.1 Arbeitsraum

Wie bei PUR-Lacken soll in klimatisierten Räumen bei 20° C und niedriger Luftfeuchtigkeit gearbeitet werden.

9.4.3.2 Ansetzen des Lackgemisches

Lack und Härter werden im Untermischverfahren nach Angaben des Herstellers meist im Verhältnis 4 bis 5 : 1 gründlich gemischt. Das Gemisch ist sofort gebrauchsfähig. Seine Topfzeit beträgt je nach Produkt 8 ... 20 Std. Bei hoher Luftfeuchtigkeit und Auftrag durch Luftspritzen können 10 ... 20% Verdünnung zugesetzt werden. Im übrigen gilt das bei Polyurethanlacken bezüglich Verdünnung und Sauberkeit Gesagte.

9.4.3.3 Vorbereitung des Holzes

Das Holz muß trocken und frei von Wachs, Öl, Harz und Leimresten sein. Sorgfältiger Holzschliff ist eine weitere Vorbedingung für eine glatte Oberfläche und gute Haftfestigkeit. Über die Anwendung von Beizen und Bleichmitteln geben die Hersteller Auskunft. Für wasserstoffperoxid-gebleichte Hölzer gibt es Spezialhärter.

9.4.3.4 Grundierung

Die besten Ergebnisse kommen zustande, wenn Grundierung und Decklackierung aus demselben Material bestehen (Einschichtverfahren) und aufeinander abgestimmt sind. In vielen Fällen eignet sich das vorbereitete Lackgemisch für Grundierung und Decklackierung gleich gut. Für rauhe und stark saugende Untergründe stehen spezielle Füllgrundierungen zur Verfügung. Zwischenschliff nach jedem Auftrag ist wie üblich anzuraten und bei längeren Zwischentrockenzeiten unbedingt erforderlich. Herstellerangaben beachten!

9.4.3.5 Auftrag des Lackes

Zum Auftrag eignen sich Spritzpistole (Spritzdruck für Grundierung 2 ... 2,5 bar, Düse 2,0 ... 2,5 mm, Decklackierung 2,5 ... 3 bar, Düse 1,8 ... 2,0 mm), Airless-Gerät, Gießmaschine, Rolle usw. Bei der Decklackierung werden je Arbeitsgang 120 ... 150 g/m^2, insgesamt maximal 400 g/m^2 aufgetragen. Vgl. auch die Hinweise zum Auftrag von PUR-Lacken (Seite 111).

9.4.3.6 Trocknung und Härtung

Acrylharzlacke haben in der Regel kurze Trocken- und Härtezeiten; bei normaler Raumtemperatur sind sie nach 10 ... 20 Min. staubtrocken, nach 30 ... 45 Min. schleifbar. Die vollständige Härtung ist nach etwa einer Woche erreicht; erst dann ist die Schicht mechanisch und chemisch voll belastbar.

9.4.4 Gefahrenhinweise; Lagerung

Die Lacke sind meist schwer entflammbar. Auf jeden Fall sind die entsprechenden Merkblätter der Hersteller sowie die Unfallverhütungsvorschriften (z. B. VB 23) zu beachten.
Der Stammlack ist bei kühler und gut verschlossener Lagerung nahezu unbegrenzt haltbar. Der Härter ist wie bei PUR-Lacken feuchtigkeitsempfindlich und gut verschlossen ca. 6 Wochen lagerfähig.

9.5   Lacke auf wäßriger Basis (Wasserlacke)

9.5.1 Allgemeines, Zusammensetzung

Bei der Lackverarbeitung verdunsten in der BRD jährlich mehr als 350 Millionen Kilogramm organische Lösemittel. Dies stellt nicht nur einen beachtlichen Rohstoffverlust dar, es belastet auch in starkem Maß die Umwelt, insbesondere die oberen Schichten unserer Atmosphäre. Die Lackindustrie versucht daher, den Lösemittelanteil in den Lacken zu verringern. Durch die Entwicklung von Lacken auf wäßriger Basis ist ein erfolgversprechender Schritt in diese Richtung getan. Solche Produkte sind unter der Bezeichnung „Wasserlacke", „Hydrolacke", o. ä. im Handel. Es sind Dispersionen von Lackbindemitteln in Wasser mit einem geringen Anteil an organischen Lösemitteln. Als Bindemittel dienen Polyacrylate oder acrylierte Copolymerisate, gesättigte Polyester, Alkyd- oder Melaminharze u. a. Wasserlacke enthalten (bezogen auf den spritzfertigen Lack) 30...35% Festkörper, 5...15% organische Lösemittel, sowie in kleinen Mengen Lackadditive zur Verbesserung der Lackeigenschaften. Der Wasseranteil liegt bei 50...60%. Das hat den überragenden Vorteil hoher Umweltfreundlichkeit; die Lacke sind schadstoffarm, geruchlos, kaum giftig und unbrennbar. Sie tragen das Symbol „Blauer Engel" für umweltfreundliche Produkte[1]. Neben dem Wegfall der Umweltbelastung ergeben sich dadurch beachtliche Vorteile in der Lagerung und Verarbeitung. Nachteilig ist der z. Z. noch hohe, durch das aufwendige Herstellungsverfahren bedingte Preis dieser Erzeugnisse.

Die auf dem Markt angebotenen wasserverdünnbaren Lacke sind in erster Linie Einkomponentsysteme. Sie eignen sich für Grundierung und Endbeschichtung gleich gut, wobei auch Kombination (nicht Mischung!) mit Lösemittellacken möglich ist. Sie sind als Klarlacke und pigmentierte Farblacke mit meist glatter bis halbmatter Oberflächenstruktur des Lackfilms erhältlich.

9.5.2 Eigenschaften des Lackfilms; Einsatzgebiete

Die Eigenschaften der Wasserlackfilme sind mit denen von Nitrozellulose- und Einkomponenten-SH-Lackschichten vergleichbar; sie erreichen jedoch nicht die Qualität von DD-Lackfilmen. Mangelhaft ist häufig noch ihre PVC- und Weichmacherbeständigkeit, mäßig gut die Wasser- und Chemikalienbeständigkeit, gut die Lichtbeständigkeit sowie die mechanische Widerstandsfähigkeit. Hervorzuheben ist die Schwerentflammbarkeit trockener Lackfilme, die besonders bei öffentlichen Einrichtungen gefordert wird. Die Überzüge sind offen- oder geschlossenporig und bei Klarlacken von hoher Transparenz.

Wasserlacken werden wir in der Bau- und Möbelschreinerei, im Innenausbau usw. zunehmend begegnen.

9.5.3 Verarbeitung des Lackes

Die Verarbeitungsvorschriften der Lacke sind je nach Produkt unterschiedlich und den Herstellerunterlagen zu entnehmen. Hier können nur allgemeine Richtlinien angegeben werden.

9.5.3.1 Arbeitsraum

Dank der Unbrennbarkeit und der sehr geringen gesundheitsschädigender Wirkung der Wasserlacke bestehen kaum besondere Sicherheitsvorschriften für die Verarbeitung; Herstellerangaben sind jedoch zu beachten. Die Raumtemperatur so l über 15° C liegen.

9.5.3.2 Ansetzen des Lackes

Die Produkte sind in der Regel gebrauchsfertig eingestellt und auf das angewandte Auftragsverfahren (bei Bestellung angeben) abgestimmt. Die Viskosität kann mit Wasser reguliert werden. Bei einigen Fabrikaten ist durch geringen Zusatz eines Vernetzers eine Trockenbeschleunigung möglich.

9.5.3.3 Vorbereitung des Holzes, Grundierung

Wasserlacke sind ausgezeichnet zur Grundierung geeignet, je nach Produkt auch für gerbsäurehaltige Hölzer, ohne daß Verfärbungen eintreten. Bei normalen Beizen sind keine Störungen zu erwarten; im Zweifelsfall gibt der Hersteller Auskunft Aufnebeln der ersten Schicht verhindert ein zu starkes Aufstellen der Holzfaser und verkürzt die Trockenzeit.

9.5.3.4 Auftrag des Lackes

Wasserlacke sind vor der Verwendung gründlich aufzurühren. Zum Auftrag bedient man sich der üblichen Verfahren wie Pinselauftrag, Luft- und Airless-Spritzen Gießen usw. Mittlere Auftragsmengen je Arbeitsgang liegen bei etwa 100 g/m^2, die maximale Auftragsmenge beträgt im Mittel etwa 400 g/m^2. Bei mehrstufiger Beschichtung können Zwischen- und Deckschicht meist naß in naß aufgetragen werden. Wasserlacke führen zu Metallkorrosion, insbesondere zu Rostbildung. Arbeitsgeräte sollen daher nach Möglichkeit aus rostfreiem Material sein; Beschläge sind ggf. vor dem Lackieren zu entfernen. Aus dem gleichen Grund dürfen nur metallfreie Schleifmittel verwendet werden.
Lackgefäße müssen auch während der Verarbeitung gut verschlossen bleiben, da bereits geringe Mengen von angeliertem Lack Störungen im Arbeitsablauf durch Verstopfen der Arbeitsgeräte bewirken können.

9.5.3.5 Trocknung und Härtung

Die in der Lackdispersion enthaltenen Lösemittel bewirken nach dem Abdunsten des Wassers die Verbindung der Harzpartikel zu einem geschlossenen, flüssigen Lackfilm. Erst mit der Verflüchtigung des Lösemittels verdichtet sich dieser zur festen Beschichtung. Die Trockenzeit ist abhängig von der Auftragsmenge, der Luftfeuchtigkeit und der Trockentemperatur. Diese darf einen vom Hersteller angegebenen Wert nicht unterschreiten. Unterhalb 10° C findet häufig keine vollständige Filmbildung mehr statt. Bei Raumtemperatur sind die Beschichtungen nach etwa 30...45 Minuten staubtrocken, nach 2...3 Stunden schleifbar und nach 10...12 Stunden stapelbar. Die vollständige Durchhärtung dauert einige Tage. Temperaturerhöhung beschleunigt wie üblich die Trocknung.

9.6   Farblacke

9.6.1 Zusammensetzung der Lacke

Farblacke sind Überzugslacke, die den damit beschichteten Untergrund vollständig überdecken. In der Holzverarbeitung sind sie daher nur dort einsetzbar, wo auf die Erhaltung der Struktur und Eigenfarbe des Holzes verzichtet wird und das Werkstück eine schützende oder dekorative Beschichtung erhalten soll.

Moderne Farblacke sind auf ähnlichen Harzsystemen aufgebaut wie die farblosen Überzugslacke, z. B. auf Nitrozellulose-, Polyurethan- oder Acrylharzbasis. Zur Farbgebung sind die farblosen Basisharze mit sehr feinkörnigen Farbteilchen, sogenannten Pigmenten, versetzt. Farblacke werden in allen RAL-Farben sowie zahlreichen Zwischentönen hergestellt. Die Oberflächenstruktur reicht abgestuft von hochglänzend bis tiefmatt. Spezialzusätze bewirken Hammerschlag-, Schrumpf-, Narben- oder sonstige Effekte. Neben den Zweikomponentenlacken stehen auch Einkomponentenprodukte zur Verfügung. Zur Grundierung gibt es besonders Primer und Füller.

9.6.2 Eigenschaften der Lackfilme, Einsatzgebiete

Farblacke haben Eigenschaften wie ihre Basisharze, also meist ausgezeichnete mechanische und chemische Beständigkeit. Sie zeichnen sich durch gutes Deck- und Haftvermögen, sehr gleichmäßigen Verlauf und glatte Oberfläche, sowie hohe Farbbeständigkeit aus. Eine Nachbehandlung erübrigt sich normalerweise. Zur weiteren Erhöhung der mechanischen und chemischen Beständigkeit, insbesondere gegen Metallabrieb (Ringfestigkeit), können Farblackierungen mit Spezial-Schutzlacken überzogen werden. Farblacke finden hauptsächlich im Innenausbau für dekorative und schützende Überzüge Verwendung, z. B. für Anstalts- und Büromöbel, Ladeneinrichtungen, Vertäfelungen, Türen, Fenster.

9.6.3 Verarbeitung des Lackes

9.6.3.1 Arbeitsraum

Für den Verarbeitungsraum gelten hinsichtlich Temperatur, Belüftung, Feuchtigkeit usw. die bei den entsprechenden Basisharzen angegebenen Vorschriften bzw. die Anweisungen des Herstellers. Man arbeitet optimal bei 20° C.

9.6.3.2 Ansetzen des Lackgemisches

Bei Reaktionslacken werden Harz und Härter kurz vor der Verarbeitung in dem vom Hersteller angegebenen Mengenverhältnis (1 : 1 bis 10 : 1) zusammengegeben und intensiv vermischt. Wegen der begrenzten Topfzeit ist höchstens der Tagesbedarf anzusetzen. Die Viskosität der Produkte ist üblicherweise schon auf das gewählte Beschichtungsverfahren (bei Bestellung angeben!) eingestellt, womit ein Verdünnen entfällt. Falls dies doch notwendig sein sollte, darf nur das vom Hersteller angegebene Lösemittel benützt werden; artfremde Zusätze können das ausgewogene Lacksystem stören (z. B. durch Entmischung). Arbeitsgeräte sind nach Gebrauch sofort gründlich mit Lösemittel zu reinigen, da durchgehärtete Rückstände kaum mehr in Lösung zu bringen und nur mechanisch entfernbar sind.

9.6.3.3 Auswahl und Vorbereitung des Holzes

Lackierfähig sind alle Werkstoffe, in denen bei Temperatur- und Luftfeuchtigkeitsschwankungen keine großen inneren Spannungen oder Bewegungen auftreten und die möglichst feinporig sind. Als Holzwerkstoffe eignen sich geschliffene Feinspanplatten, Spanplatten mit Grundfolie oder angeschliffener Kunstharzbeschichtung, Tischlerplatten mit feinporigen Deckfurnieren aus Ahorn, Birke usw. Weniger geeignet sind Limba, Abachi und viele andere Exoten; für diese kann nur bei besonders sorgfältiger Grundbeschichtung mit einem Erfolg gerechnet werden. Ungeeignet für Farblackierung sind einfach abgesperrte Tischlerplatten. Die Feuchtigkeit des Rohholzes darf 12% nicht überschreiten; notfalls ist über Nacht zu trocknen. Das Holz muß auch in den Poren schmutz-, staub- und ölfrei sein.

9.6.3.4 Grundierung

Die Schönheit der Farblackierung kommt nur bei sehr glatter und gleichmäßiger Fläche voll zur Geltung. Daher ist der Vorbereitung und Grundierung des Holzes besondere Aufmerksamkeit zu schenken. Rohes Holz eignet sich nicht für eine direkte Beschichtung mit Decklacken. Gelegentlich genügt eine einfache Grundierung; meist

ist jedoch ein sorgfältig herzustellender, mehrschichtiger „Unterbau" erforderlich. Dazu werden spezielle Grundierungen (Primer) und Füller auf gleicher Harzbasis angeboten. Sie haben die Aufgabe, das Werkstück mit einer haftenden Grundschicht zu überdecken sowie kleine Unebenheiten und Poren auszufüllen. Ein hoher Anteil spezieller Pigmente verleiht ihnen große Füllkraft; leichtflüchtige Lösemittel bewirken ein rasches Durchtrocknen auch dicker Schichten.

Die Verarbeitung der Grundierungen ist grundsätzlich die gleiche wie bei den Decklacken. Je nach Art und Zustand des Holzes sind 1 bis 3 Aufträge notwendig. Auftragsmenge, Spritzdruck und Düsenweite sind gleich oder höher als bei Decklakken. Jeder gut durchgetrocknete Auftrag (Trockenzeit je nach Material 2 bis 8 Stunden) wird vor der nächsten Beschichtung auf der Bandschleifmaschine oder mit dem Rutscher (Körnung des Schleifmaterials 220 bis 280) feingeschliffen. Einhaltung der Trockenzeit und sorgfältige Entfernung des Schleifstaubes sind für ein gutes Resultat unerläßlich. Vor dem letzten Schliff und dem Auftrag des Decklacks soll das Werkstück mindestens über Nacht getrocknet werden.

9.6.3.5 Auftrag des Lackes

Der Auftrag erfolgt wie bei den entsprechenden Basislacken durch Spritzen (Luft, Airless), Gießen, Walzen usw. Die Auftragsmenge hängt vom verwendeten Produkt ab, sie beträgt im Mittel je Arbeitsgang 120 ... 170 g/m^2, insgesamt maximal 400 ... 450 g/m^2. Beim Spritzen wird gleichmäßig im Kreuzgang lackiert, um einen guten Verlauf zu erzielen (2,5 ... 3 bar Überdruck, Düsenweite 1,8 ... 2 mm). Um ein Entmischen des Lackes (Absetzen des Pigments, Ausschwemmen von Effektzusätzen) zu vermeiden, ist er vor und während der Verarbeitung wiederholt umzurühren.

9.6.3.6 Trocknung und Härtung

Die Trocknung soll nicht unter 20° C erfolgen, um ein vollständiges Durchreagieren des Kunststoffs sicherzustellen. Die Trockenzeit ist je nach Produkt unterschiedlich, im Mittel gilt: staubtrocken nach 15 ... 30 min., durchgetrocknet nach mehreren Stunden, ausgehärtet nach einer Woche.

Forciertes Wärmetrocknen ist möglich (Herstellerangaben beachten!). Frische Lackschichten müssen vor Staub, Feuchtigkeit, Spritznebel und Zugluft geschützt werden.

9.6.4 Gefahrenhinweise, Lagerung

Bei der Vielfalt der angebotenen Produkte können nur allgemeine Richtlinien angegeben werden. Grundsätzlich sind die Herstellerhinweise zu beachten. Soweit die Lacke brennbare Lösemittel enthalten, ist dies bei der Verarbeitung und Lagerung zu berücksichtigen. Die heute verwendeten Pigmente sowie Harze und Lösemittel sind im Sinne der Arbeitsstoffverordnung meist nicht gesundheitsschädlich. Für die Lagerung gelten die gleichen Regeln wie bei den jeweiligen Basisharzen. Geeignet sind nichtrostende Blechgefäße. Bei Kunststoffbehältern besteht unter Umständen die Gefahr des Entweichens eines Lösemittelteiles.

10. Oberflächentechniken

Die in diesem Abschnitt beschriebenen Oberflächentechniken haben den Zweck, auf der fertiggestellten, ggf. strukturbelebten und gebeizten Holzoberfläche eine schützende und dekorative Schicht zu erzeugen. Zu ihnen zählen Grundieren, Lakkieren, Mattieren, Polieren. Bei der zusammenhängenden Beschreibung von Beschichtungsverfahren ist manches davon bereits ausführlich dargestellt, anderes nur angesprochen worden. Im folgenden sind wesentliche Merkmale des Grundierens und Lackierens zusammenfassend beschrieben, die Gebiete des Mattierens und Polierens dagegen ausführlich erörtert.

10.1 Grundieren

Grundierungen haben eine mehrfache Aufgabe: sie müssen die äußeren, freiliegenden Holzporen füllen, ihre Wände festigen und durch gute Verankerung eine Grundlage für den weiteren Schichtaufbau bilden. Daher stellen sich an eine gute Grundierung eine Reihe von Forderungen.

Solche sind:
- tiefes Eindringen in das Holz, Festigung der Porenränder, Schließung der Poren
- Ausfüllen der Poren, bei grobporigen Hölzern mit Füllstoffen
- gutes Haften auf dem Holz
- Ausbildung einer stabilen Basis für darauffolgende Schichten, guter Verbund mit diesen
- glasklare Durchsichtigkeit bei transparenter Weiterbeschichtung, möglichst ohne Veränderung der Holz- oder Beizfarbe
- Schutz gegen Pilz- und Schädlingsbefall
- Schutzwirkung gegen die farbverändernde Wirkung des Sonnenlichts auf dem Holz, keine Eigenverfärbung
- einfaches, zeitsparendes Aufbringen auf das Werkstück von Hand und maschinell
- hohe Ergiebigkeit und Füllkraft, möglichst in einem Auftrag
- schnelles Trocknen zur Zeitersparnis
- gute Schleiffähigkeit
- Eignung für möglichst alle Holz- und Beizarten
- Absperrung der Oberfläche schwitzender exotischer Hölzer

„Wunderprodukte", die alle diese Eigenschaften in gleicher Weise in sich vereinen, gibt es nicht. Der Handel liefert eine vielfältige Auswahl von Erzeugnissen, die auf den jeweiligen besonderen Anwendungsfall ausgerichtet sind, dabei jedoch allgemeine vorzügliche Eigenschaften besitzen.

Grundierungen basieren meist auf Nitrozellulose oder Kunstharz, in Sonderfällen auch auf Schellack. NC-Produkte haben hochwertige Eigenschaften (Seite 86) und sind durch schnelles Trocknen besonders bequem in der Verarbeitung, eignen sich aber nicht für weitere Kunstharzbeschichtungen (Rißbildung, Abplatzen, Verfärbungen). Für diese kommen wiederum nur Kunstharzgrundierungen in Frage, wobei Einschichtüberzüge (Grundierung und Überzug ist dasselbe Material) besonders widerstandsfähig sind. Polyesterlacke bilden hinsichtlich der Grundierung eine Ausnahme. Näheres ist dort beschrieben (Seite 100).

Einlaßgrund auf NC-Basis ist eine einfache, glasklare, vielfältig einsetzbare Grundierung mit hoher Füllkraft, die auch als Basis für Porenfüller in Frage kommt.

Schnellschliff- und Hartgrund erlauben ein besonders zügiges Arbeiten bei der Serienfabrikation. Als hochwertige NC-Produkte trocknen sie rasch und sind ausgezeichnet schleifbar.

Lichtschutz- und Aufhellgrundierungen enthalten Substanzen, die den ultravioletten, farbverändernden Anteil der Sonnenstrahlung von der Holzoberfläche fernhalten und auch eine Vergilbung des Lackes verzögern. Der Lichtschutz läßt meist nach einigen Jahren nach. Diese Grundierungen finden vorwiegend Anwendung bei sehr hellen Hölzern zur Erhaltung des natürlichen Holztones oder eines zarten Beiztones. Es gibt Produkte, bei denen der Lichtschutz durch eine etwas verringerte Haftfestigkeit im Zellgewebe erkauft wird. Lichtschutzgrundierungen sind für Nitrozellulose- und Kunstharzbeschichtung erhältlich.

Sperrgrund. Manche exotische Hölzer wie Makassar, Teak, Palisander, geben oberflächlich Holzinhaltsstoffe ab, die Farbstörungen und schlechte Haftung bei darauf aufgebrachten Lackschichten verursachen. Durch Zwischenlegung einer Sperrgrundschicht auf Kunstharzbasis, meist DD-Lack, ist dies vermeidbar.

Haftgrund. Einige Polyesterlacke haften ungenügend auf gebeiztem Holz. Deshalb ist eine haftende Zwischenschicht (meist aus Polyurethanlack) notwendig, die eine gute Verankerung sicherstellt und gleichzeitig auch als Sperrgrund wirkt.

Universalgrundierungen vereinigen gute mechanische Eigenschaften mit den Vorteilen einer problemlosen Aufbringung und Nachbearbeitung. Sie sind sehr lichtecht und eignen sich für die meisten einfachen Anwendungsfälle. Hervorzuheben sird dabei spezielle Kunstharzgrundierungen, die z. B. als Basis für Versiegelungslacke vorgesehen sind.

Start- oder Reaktionsgrund sind Spezialprodukte für die Polyesterbeschichtung; sie enthalten den Starter, der die Polymerisation des Kunstharzes in Gang bringt. Im ersten Beschichtungsgang wird der Reaktionsgrund aufgetragen, nach dessen Trocknung das Kunstharz (Seite 102). Die Polymerisationsreaktion setzt von der Grundierung aus ein.

Grundierungen lassen sich in der Regel ohne Schwierigkeit mit der Hand (Streichen, Spritzen) oder maschinell nach Herstellerangaben auftragen. Die getrockneten Flächen werden unter leichtem Druck mit Schleifpapier der Körnung 220 ... 280 von

Hand oder maschinell in Holzfaserrichtung geschliffen. Ein Durchschleifen ist zu vermeiden, sonst muß nachgrundiert werden.

10.2 Lackieren

Beim Lackieren werden meist mehrere Lackschichten aufgetragen, um eine allseitig geschlossene Oberfläche zu erhalten. Diese kann dann unverändert als Schutzschicht bestehen bleiben oder durch Mattieren oder Polieren veredelt werden. Als Ausgangsprodukte kommen meist Nitrozellulose-, Reaktionsharz- oder Alkydharzlacke zur Anwendung. Das Lackieren ist in staubfreien, trockenen, gleichmäßig temperierten Räumen vorzunehmen. Die zu lackierenden Flächen werden vorher entsprechend den an das Werkstück gestellten Forderungen bearbeitet (Abschnitt 5). Bei großporigen Hölzern sollen die Poren vor dem Lackieren gefüllt werden. Schleifstaub ist gründlich zu entfernen. Eine weitere wichtige Voraussetzung für einen guten Lackanstrich ist der vollkommen trockene Grund. Auf feuchtem Grund haftet der Lack nicht dauerhaft. Das Auftragen erfolgt in nicht zu dicken Schichten und in gleichmäßiger Verteilung. Die einzelnen Schichten müssen gut trocknen.

10.3 Mattieren

Durch das Mattieren entstehen matte bis mattglänzende Überzüge. Kunstharzmattierungen auf der Basis von Reaktionsharzlacken (Abschnitt 9) erobern aufgrund ihrer hervorragenden technischen Eigenschaften den Markt. Das Spektrum ausgezeichneter Handelsprodukte ist so groß, daß sich der Eigenansatz oder die Anwendung älterer Verfahren kaum lohnen und man nur in Sonderfällen, z. B. bei Reparaturen alter Möbel, darauf zurückgreift. Neben den erwähnten Kunstharzen sind Mattierungen auf Schellack- oder Nitrozellulosebasis bzw. Mischprodukte aus diesen im Einsatz. Im folgenden werden nur Mattierungen auf der Basis von Lösemittellakken behandelt.

10.3.1 Schellackmattierungen

Schellackmattierungen bestehen in der Hauptsache aus in Spiritus gelöstem Schellack mit Zusätzen von Öl, Wachs, Hammel- oder Rindertalg. Diese haben den Zweck, die Überzugsschicht elastisch zu halten.

10.3.2 Nitrozellulosemattierungen

Tuffmatt, Stumpfmatt, Seidenmatt, Hartgrund, Trockenschnellschliffgrund, Spritzmattierung, Cossmatt und Masolin sind Nitrozellulosemattierungen. Die beiden letzteren kommen hauptsächlich für chemisch gebeizte Holzflächen in Betracht, weil sie den Beizton fast nicht verändern. Die Nitrozellulosemattierungen bilden matt- bis seidenglänzende, sehr dünne, wasserklare und ziemlich wasserfeste, schnell trocknende, harte Filme.

10.3.3 Kombinationsmattierungen

Die Kombinationsmattierungen aus Schellack und Nitrozellulose, in Spiritus und anderen Lösungsmitteln gelöst, rauhen wenig auf und trocknen ebenfalls schnell. Sie liefern wasser- und ziemlich kratzfeste Überzüge und sind in dieser Hinsicht besser als Schellackmattierungen.

10.3.4 Auftrag der Mattierungen

Die verdünnte Mattierung wird mit Pinsel, Spritzpistole oder Ballen (weiße Putzwolle) aufgetragen. Der Ballenauftrag erfolgt halbfeucht unter mäßigem Druck in gleichmäßigen Strichbahnen parallel zur Holzfaserrichtung. Ist die Fläche leicht angetrocknet (Fühlprobe mit den Fingerspitzen), wird zur Erzielung einer gleichmäßigen Fläche mit einem Roßhaarbausch in Faserrichtung nachgerieben. Falls ein zweiter Auftrag erforderlich ist, schleift man leicht mit Schleifpapier oder Microlonband (Seite 131) an und verfährt nach Entstauben der Poren erneut wie oben angegeben.
Auftrag und Trocknung der Mattierungen müssen sehr sorgfältig erfolgen. Dabei ist zu beachten, daß Mattierungen gegen Feuchtigkeit, Kälte und Zugluft empfindlich sind. Auf feuchtem Grund oder in feuchten oder kalten Räumen aufgetragen, werden die behandelten Flächen durch Feuchtigkeitsbeschlag grau. Zu satter Auftrag kann besonders bei grobporigen Hölzern zu Lufteinschlüssen führen; zu magerer Auftrag liefert ungleichmäßige Oberflächen. Beschleunigtes Trocknen läßt die oberen Lackpartien rasch erhärten, wodurch aus den unteren Bereichen das Lösemittel nicht mehr entweichen kann und diese nicht austrocknen.
Zur Aufbewahrung von Mattierungen sind gut verschließbare Glasgefäße am geeignetsten; bei Blechgefäßen besteht die Gefahr der Verfärbung.

10.3.5 Mattnebeln mit Spritzpistole

ermöglicht alle Matteffekte vom Seidenglanz bis zum stumpfen Matt. Die mattgenebelte Fläche ist griff- und wischfest. Mattnebeln ist nur mit einer Düse von höchstens 1,0 mm Weite durchführbar. Der Nebellack darf nicht naß aufgespritzt werden, sondern muß in Form eines Nebels auf die Fläche kommen. Zur Feststellung der richtigen Zerstäubung dient die Handprobe: Man hält die Hand in 15 cm Entfernung 30

Sekunden lang vor die nebelnde Spritzpistole. Wenn die Hand dabei nur einen Schimmer von Feuchtigkeit erhält, ist der Lackdurchsatz richtig eingestellt.

Die Spritzpistole wird dann in Rundstrahlstellung in einem Abstand von 30 bis 40 cm in kreisenden Bewegungen senkrecht zur Fläche geführt. Je stumpfer das Matt sein soll, desto länger nebelt man. Die genebelte, rasch trocken gewordene Fläche fühlt sich leicht rauh an. Deshalb ist sie sofort in Polierbewegungen mit einem Polierwattebausch, der mit einem feinen, weichen Trikotlappen überzogen ist, kräftig abzureiben. Im übrigen ist die Anweisung der Hersteller von Nebellacken genau zu befolgen.

10.4 Polieren

10.4.1 Entstehung des Glanzeffekts; Begriffe

Der optische Glanzeffekt entsteht dadurch, daß auf die Oberfläche auffallendes Licht wie bei einem Spiegel im Einfallswinkel reflektiert wird. Je glatter die Oberfläche ist, desto glänzender oder spiegelnder erscheint sie. Ausschlaggebend für ein gutes Ergebnis ist daher neben besonderen Lackeigenschaften auch die Sorgfalt beim Auftrag und bei der Nachbearbeitung der Lackschicht. Der Lack muß möglichst durchsichtig sein, um das Struktur- bzw. Beizbild des Holzes nicht zu beeinflussen.

Als „poliert, auspoliert, hochglanzpoliert" gelten solche Möbeloberflächen, die auch bei schrägem Lichteinfall eine vollkommene, reine und glänzende Oberfläche zeigen und alle Gegenstände ohne Verzerrung spiegeln.

Als „anpoliert" sind jene Möbeloberflächen charakterisiert, die bei geschlossener Oberfläche und entsprechendem Lichteinfall Gegenstände in der Spiegelung nur undeutlich wiedergeben. Die Bezeichnung „anpoliert" trifft nicht zu für Möbeloberflächen, deren Poren zwar gefüllt sind, die aber nur einen gefärbten oder farblosen einmaligen Überzug erhielten. Offenporige Oberflächen gelten als mattiert.

10.4.2 Polierverfahren

Man kennt drei Polierverfahren:
- das Lackpolierverfahren
- das Schwabbelpolierverfahren
- das Polyesterverfahren

Beim *Lackpolierverfahren* unterscheidet man zwischen dem Polieren mit Schellack und dem Polieren mit Nitrozelluloselacken bzw. Schellack-Nitrozellulose-Mischpolituren. Bei beiden Verfahren erfolgen Auftrag und Polieren mit der Hand in mehreren Arbeitsgängen. Der Glanzeffekt entsteht bereits während des Aufbaus der Lackschicht. Das seit langem bekannte Schellackpolierverfahren liefert eine hochwertige Politurschicht aus reinem Schellack. Da es sehr arbeitsaufwendig ist, wird heute oft das einfacher und rascher auszuführende Nitropolierverfahren vorgezogen.

Beim *Schwabbelpolieren* wird der Glanzeffekt nach vollständig aufgebrachter und getrockneter Politurschicht durch nachträgliches Polieren mit der rotierenden Schwabbelscheibe erzeugt, was weniger Zeitaufwand als das Lackpolieren erfordert. Für dieses Verfahren eignen sich nur schwabbelfähige Lacke („Schwabbellacke").

Polyester-Polituren auf Kunstharzbasis liefern besonders widerstandsfähige Überzüge; sie sind im Zusammenhang mit der Polyesterverarbeitung (Seite 103) ausführlich beschrieben.

10.4.3 Arten der Polituren

10.4.3.1 Schellackpolituren

Schellackpolituren sind Lösungen von Schellack in hochprozentigem Spiritus mit etwa 2% Wachsgehalt.

Für helle Hölzer sind Polituren aus gebleichtem Schellack zu verwenden. Der Fachhandel bietet eine Vielzahl hochwertiger Schellackpräparate mit besonderen Zusätzen an, die die Verarbeitbarkeit verbessern und die Elastizität des Lackfilms steigern.

Da vielfach noch der Wunsch nach Eigenherstellung von Schellackpolituren besteht, ist nachfolgend ein Rezept dazu angegeben. Zum Ansatz wird gereinigter oder gebleichter „Lemon"-Schellack (Seite 87) in zerkleinerter Form verwendet. Als Lösemittel dient vergällter „Polierspiritus"[1]. In einem verschließbaren weithalsigen Glasgefäß löst man 100 ... 130 g Schellack je Liter Spiritus unter öfterem kräftigem Umrühren (einige Tage). Wärmezufuhr beschleunigt zwar die Auflösung, vermindert aber die Lackqualität. Die trübe Lösung kann durch Filtration durch Filz oder durch Dekantieren (Abgießen) nach ausreichendem Absitzen der Schwebestoffe (Wachs, Farbteilchen usw.) klar erhalten werden.

---

1) Polituren, die mit pyridinhaltigem Alkohol (Brennspiritus) angesetzt sind, entwickeln beim Polieren die Nasenschleimhaut reizende Dämpfe. Außerdem können sie hartnäckige Ekzeme (Hautausschläge), die sogenannte Poliererkrankheit oder Poliererkrätze hervorrufen.
Da Pyridin fast nicht verdunstet, entsteht beim Polieren mit Brennspiritus eine üble Schmiere; der Ballen wird verunreinigt und die Fläche verschleiert. Pyridin greift Schellack und Nitrozellulose an und macht die Filme brüchig.
Je höherprozentig der Spiritus ist, desto besser lassen sie sich damit angesetzten Polituren verarbeiten. Bei Verwendung von wasserhaltigem Spiritus geht die Trocknung nur langsam vonstatten; die Politurfläche bleibt länger weich und klebrig und wird leicht aufgerissen, wenn das Weiterpolieren zu früh erfolgt.

Auf diese Weise gewonnene Schellackpolituren zeigen nicht die Qualität von guten käuflichen Produkten. Ihnen fehlen bestimmte Wachse und Fette, die zur Erzielung einer ausreichenden Elastizität notwendig sind. Ein Zusatz von 1 ... 2 Gramm Olein (käuflicher Naturstoff aus Fetten) kann den Übelstand vermindern. Für helle Hölzer verwendet man zum Ansatz der Politur gebleichten Schellack oder bleicht dunkle Lösungen durch längeres Einwirken von Sonnenlicht. Polituren, die aus kolophoniumhaltigem Schellack zubereitet sind, trocknen schlecht und verspröden.

Viefach ist die Meinung verbreitet, daß man bei gewissen Beiztönen die Politur noch dazupassend färben müsse. Durch das Polieren kann der Beizton jedoch nur noch unwesentlich beeinflußt werden. Bei Verwendung von gelber oder trüber Politur erhält die Polierfläche einen Stich ins Gelbe (bei schwarzen Beiztönen ins Grünliche). Deshalb soll zum Polieren auf „heiklen" Beiztönen nur geklärte, gebleichte, weiße Politur zur Anwendung kommen. Sollte der durch die Politur erzeugte endgültige Farbton heller als das Muster ausfallen, so gibt man der Politur spritlösliche Farbe in geringer Menge zu. Die gefärbte Politur darf erst nach dem ersten Deckpolieren aufgetragen werden. Wenn sie erhärtet ist, arbeitet man mit ungefärbter Politur weiter. Beim Polieren von Nußbaumholz (natur und gebeizt) kann „blonde" Politur verwendet werden, weil diese darauf den goldbraunen Schimmer eines Alterstones erzeugt.

10.4.3.2 Nitrozellulosepolituren

Polituren auf Nitrozellulosebasis sind wasser-, hitze- und kratzfest und klar, wasserhell, rasch trocknend und elastisch.

10.4.3.3 Kombinierte Polituren (Mischpolituren)

Kombinierte Polituren (Mischpolituren) sind den Schellackpolituren darin überlegen, daß sie sich rascher verarbeiten lassen, kräftiger auftragen und schneller einen starken, klaren Überzug und damit Hochglanz erzeugen; gegen chemische und mechanische Einwirkungen sind sie widerstandsfähiger.

Mischpolituren aus Schellack und Nitrozellulose werden im allgemeinen wie die reinen Schellackpolituren verarbeitet, erfordern jedoch mehr Übung.

Einheits-Schnellpolituren, d. s. besondere Kombinationen von verschiedenen Edelharzen, nehmen unter den neuen Mitteln der Oberflächenveredelung eine gesonderte Stellung ein. Sie dienen gleichzeitig als Porenfüller, Grundiermittel und Hochglanz-Deckpolitur. Die Vergütung und Erhärtung tritt während des Polierens ein. Beim An- und Abpolieren werden der Politurschicht Stoffe entzogen, die ihr vorzeitiges Erhärten verhindern. Solange diese „Verzögerer" sich in der Deckschicht befinden, ist eine glatte und gute Fläche verhältnismäßig leicht zu erzielen. Je mehr nun diese Bestandteile aus der Schicht entfernt werden, um so eher erhält die Oberfläche Härte und Glanz, ohne jedoch zu verspröden.

10.4.4 Hilfsstoffe, Hilfsmittel und Geräte zum Polieren

10.4.4.1 Porenfüller

Voraussetzung für die Erzielung einer einwandfreien fertigen Polierfläche ist eine glatte, vollkommen geschlossene und harte Holzgrundfläche. Putzen, Wässern und Schleifen allein genügt nicht, weil die Poren des Holzes noch offen sind. Man unterscheidet fein-, mittel- und grobporige Hölzer. Zu den feinporigen Hölzern gehören z. B. Ahorn, Birnbaum, Birke und Kirschbaum. Nußbaum ist ein mittelporiges Holz; Mahagoni und Palisander sind grobporige, polierfähige Hölzer.

Wenn man Überzugsstoffe auf die Oberfläche des Holzes bringt, so bildet sich ein überdeckender Film; dieser sinkt je nach Größe der Poren mehr oder weniger in diese ein, wobei auf der Oberfläche immer noch kleine bis kleinste Vertiefungen bleiben. Zwar kann bei feinporigen Hölzern durch Einlassen und Schleifen schon eine sehr glatte Fläche erzielt werden, wenn man sofort nach dem Einlassen schleift. Bei mittel- und grobporigen Hölzern jedoch sind die Poren in besonderer Weise zu füllen. Dies geschieht unter Verwendung einer Füllmasse, welche die Fläche nicht verschleiert oder verschmiert, die Poren nicht weiß oder grau erscheinen läßt und die Holz- oder Beizfarbe nicht beeinträchtigt.

Porenfüller werden von der Lackindustrie in einer Vielfalt von Sorten angeboten, die meist auf ein komplettes Polierverfahren abgestimmt sind, sich aber auch für andere Grundierarbeiten hervorragend eignen.

Schellackhaltige Porenfüller sind als Grundpolitur nach wie vor in Anwendung. Sie können mineralische Füllstoffe wie Bimsmehl, Schwerspat, Kaolin (Porzellanerde), Alabastergips oder organische Beimengungen wie Kartoffelmehl, Dextrin u. ä. enthalten. Noch vorteilhafter sind durchsichtige Pulver wie gemahlenes Harz, Glasstaub oder Quarzmehl. Eine Einfärbung mit Anilinfarben ist möglich.

Zum Selbstansatz eines Porenfüllers eignet sich folgendes Rezept: 1 kg Stärkemehl (Kartoffelmehl), Kaolin oder Alabastergips werden mit etwa 200 ml schwacher bis mittelstarker Schellackpolitur zu einem leicht zähen, einreibbaren Brei verrührt und bei Bedarf eingefärbt.

Porenfüller bewahrt man in dichtschließenden, rostfreien Blechbüchsen auf; vor und während des Gebrauchs ist öfters gut durchzurühren.

10.4.4.2 Polieröl

Polieröl verhindert, daß der Polierballen auf der Polierfläche klebt und die polierte Schicht wieder aufreißt. Das früher gebräuchliche Leinöl wurde zunächst durch das dünnflüssigere und leichter zu verarbeitende Stein-, Knochen-, Paraffin- und Vaselinöl verdrängt. Heute benützt man im Handel erhältliche Polieröle (Mischöle), die sich rascher und mit geringerer Mühe abpolieren lassen.

10.4.4.3 Abpoliermittel

Ab- oder Fertigpolieren hat den Zweck, das nach dem Auspolieren noch auf der Oberfläche haftende Polieröl zu entfernen und völlige Klarheit der Fläche zu erzeugen. Dazu eignen sich Benzoelösung, Spiritus, 10%ige Schwefelsäure, Tripelwasser und -pulver, Wiener Kalk, Kieselgur, Polish-Lösungen sowie Spezialprodukte, die auf Polierverfahren namhafter Hersteller abgestimmt sind.

Käufliche konzentrierte Benzoelösung („Benzoetinktur") ist mit Spiritus zu verdünnen. Die Konzentration ist richtig eingestellt, wenn nach dem Schütteln aufsteigende Luftblasen nach 15 Sekunden aus der Lösung verschwunden sind. Zu stark konzentrierte Lösungen (Blasen halten sich länger) greifen die Politurschicht an und sind mit Spiritus zu verdünnen, zu stark verdünnte Lösungen werden vorsichtig mit Benzoekonzentrat versetzt.

10.4.4.4 Schleifmittel für polierte Flächen

Bimsmehl

Natürlicher Bimsstein ist ein porenreiches, vulkanisches Silikatgestein. Gemahlenes Bimssteinpulver („Bimsmehl") wird als Schleif- und Porenfüllmittel beim Polieren eingesetzt.

Stahlwolle

Stahlwolle dient zum Schleifen gewachster, mattierter oder polierter Flächen. In ihrer Wirkung ist sie besser als Schleifpapier. Man darf sie nicht mit den Stahlspänen verwechseln, mit denen Parkettböden abgezogen werden. Ausgangsstoffe der Stahlwolle sind hochwertige Rohstoffe, die zu scharfkantigen Stahlfäden verarbeitet werden. Auf der zu schleifenden Fläche wirkt sie ziehklingenartig. Ihre Fasern sind parallelliegend, lang gestreckt, zäh und von rechteckigem Querschnitt. Infolge ihrer Geschmeidigkeit brechen sie nicht, es sei denn, daß sie mit Materialfehlern behaftet oder unterschiedlich gehärtet sind. Fehlerhaftes Material ist für die Behandlung der Holzoberfläche unbrauchbar.

Stahlwolle ist in 8 Feinheitsgraden (000–00–0–1–2–3–4–5) käuflich. Beim Herausnehmen aus der Umhüllung darf man die Stahlwolle nicht abreißen. Sie muß vielmehr auf einem Schleifklotz glatt und straff in einer Stärke von 15 mm aufgewickelt und mit der Schere abgeschnitten werden. Vor Nässe ist sie zu schützen.

Das Schleifen erfolgt in der Weise, daß die Laufrichtung des Stahlwollestranges auf dem Klotz quer zur Holzfaserrichtung (Schleifrichtung) steht. Wenn die Richtung des Stahlwollestranges parallel zur Holzfaser ist, so wird der Oberflächenüberzug mehr zerschnitten als geschliffen und es entstehen feine Rillen.

Stahlwolle ist nur auf beschichteten Flächen, nicht aber auf rohem oder gebeiztem Holz zu verwenden, weil sich in den Poren und feinsten Rissen Stahlteilchen festsetzen, die schwer wieder zu entfernen sind und bei der Weiterbehandlung der Oberfläche Störungen verursachen.

Microlonband

Microlon ist ein lockeres Gewebe aus stabilen Kunststoffasern, die im Vergleich zu Stahlwolle einen deutlich geringeren Verschleiß zeigen. Man arbeitet damit von Hand oder auf dem Rutscher. Sein besonderer Vorteil ist, daß es auch auf chemisch gebeizten und gekalkten Flächen anwendbar ist und keine Schleifspuren hinterläßt. Microlonband wird in Rollen von 10 m und 20 m Länge und einer Breite von 12 cm geliefert.

Artifex-Schleifblock

Artifex enthält hochwertiges Schleifkorn, das in einer gummiartigen Masse eingebettet ist. Dadurch wird bei hohem Druck ein zu tiefes Eindringen des Kornes in die Oberfläche vermieden und es entsteht ein gleichmäßiger Schliff. Artifex gibt es als Klötze oder Scheiben in verschiedenen Körnungen und Bindungen.

10.4.4.5 Geräte und Arbeitsmaterial zum Polieren

Hobelbank, Poliertisch, Einspannvorrichtungen, Polierbüchse, Absaugvorrichtung

Poliert wird auf der Hobelbank oder auf dem Poliertisch (gewöhnlicher Werktisch mit Falzleisten). Als Unterlage für die Werkstücke benutzt man gewöhnliche, weiche Decken oder mit Filz belegte Holzleisten, damit die Auflageseite der zu polierenden Gegenstände unbeschädigt bleibt. Für besonders geformte lose Werkteile, wie Füße, Stollen und Leisten, macht man sich zweckentsprechende Einspannvorrichtungen, mit deren Hilfe man die Teile von allen Seiten bearbeiten kann. Wichtig ist, daß der Arbeitstisch des Polierers günstig zum Lichteinfall steht, damit alle Arbeitsvorgänge genau beobachtet werden können.
Zur Aufbewahrung der verschiedenen Polierballen dient eine gut verschließbare, abgeteilte Polierbüchse. In ihr werden Grundier-, Deck- und Auspolierballen getrennt gehalten, so daß die Grundierballen nicht mit Öl und die Abpolierballen nicht mit Bims in Berühren kommen.
Bei allen Polierarbeiten werden Lösemittel frei. Größere Flächen sind daher stets unter einer Absaugvorrichtung zu bearbeiten; bei kleineren Arbeiten ist auf gute Raumdurchlüftung zu achten.

Polierballen

Der Polierballen ist das wichtigste Werkzeug beim Polieren. Material und Form müssen so sein, daß nach Bedarf bei stärkerem oder schwächerem Druck mehr oder weniger Politur ausfließt. Harte Stellen und Faltenbildung sind zu vermeiden.

Als Einlage eignet sich am besten ein glattes, sauber gewaschenes Strickgewebe aus Wolle, die nicht abfärbt (graue oder weiße Strümpfe). Baumwolle oder Kunstseide sind nicht brauchbar, weil sie sich dicht zusammenlegen, hart werden und keine Politur ausfließen lassen.

Als Umhüllung der Einlage wird zum Grundpolieren gewaschenes grobes Bauernleinen, zum Deckpolieren mittelgrobes und zum Auspolieren besonders feines Leinen verwendet.

Bei der Herstellung des Ballens verfährt man folgendermaßen:

Die Einlage wird so zusammengelegt, daß die Ecken nach oben kommen und die Unterseite eine glatte ovale Fläche ist. Um diese Einlage legt man faltenlos Leinen ohne Naht. Die Größe des Ballens richtet sich nach der Größe der zu polierenden Fläche. Bei Verwendung eines zu großen Ballens kommt man meistens zu früh an die frisch aufgetragene Politurschicht zurück und reißt sie wieder auf, bevor sie sich genügend gefestigt hat. Das umhüllende Leinenstück soll zweckmäßig so groß sein, daß es beim Verschleißen verlegt werden kann.

Für fertig zusammengebaute Möbel macht man sich nierenförmige und spitze Polierballen zurecht, um vorspringende Kanten vollständig mitpolieren zu können.

Watteballen

Kehlleisten, gedrechselte Gegenstände, Schnitzereien usw. werden mit dem Watteballen aus langfaseriger Polierwatte poliert. Man tränkt ihn mit starker Politur und legt ihn solange zum Trocknen, bis der Spiritus benahe verdunstet ist. Nun muß verhütet werden, daß die Watte beim Polieren abfasert. Zu diesem Zweck dreht und rollt man den fast trockenen Wattebausch zwischen den Handflächen, bis alle losen Wattefäserchen von der Politur ganz umschlossen sind. Dann wird der Watteballen neuerdings mit Politur beträufelt und ist gebrauchsfertig. Der zum Abpolieren verwendete Watteballen muß ölfrei sein.

10.4.5 Prüfung und Nachbehandlung der Holzoberfläche vor dem Polieren

Es ist angebracht zu wiederholen, daß vor Beginn des Polierens (wie vor jedem Überzug) die geputzten sowie die gebeizten Holzflächen auf ausreichende Glätte zu prüfen sind. Alle Oberflächenfehler kommen beim Polieren zum Vorschein; ihre nachträgliche Beseitigung gelingt oft nur unbefriedigend und erfordert einen hohen Zeitaufwand. Bei gebeizten Flächen bildet sich, wie schon erwähnt, nach dem Trocknen ein grauer Belag aus überschüssigen Beizchemikalien oder Reaktionsprodukten. Er zeigt sich besonders bei Räucherbeizen, ferner bei chemischen Beizen für Eiche und Weichholz. Dieser Belag ist mit ganz feinem Schleifpapier ohne Klotz, bei Teerfarbbeizen mit der Beizglättbürste abzuschleifen bzw. abzubürsten. Nach Entfernung des Schleifstaubes kann das Polieren (Mattieren, Wachsen usw.) einsetzen.

Weiter ist darauf zu achten, daß die gebeizten Holzflächen in gut temperierten Räumen vollständig ausgetrocknet sind. Andernfalls würde die im Holz enthaltene Feuchtigkeit die Überzugsstoffe vergrauen lassen. Die gleiche Erscheinung tritt auf, wenn trockenes Holz in feuchten oder zugigen Räumen bearbeitet wird. Im letzteren Falle kann man den noch frischen Überzug mit geeigneten Lösemitteln abwaschen, bis die Fläche wieder rein und klar erscheint. Die für alle Überzugsarbeiten zweckmäßige Temperatur liegt um 20° C.

10.4.6 Arbeitsgänge des Lackpolierens

Zur Herstellung einer polierten Oberfläche sind vier grundsätzliche Arbeitsgänge erforderlich:
- Einlassen
- Grundpolieren (Grundieren)
- Deckpolieren
- Aus- und Abpolieren

Durch das *Einlassen* werden die Porenränder gefestigt; es entsteht eine festhaltende, stabile Grundlage für den Auftrag des Polierlacks.

Das *Grundpolieren*, meist verbunden mit Porenfüllen, soll eine möglichst ebene, glatte und porenfreie Oberfläche erzeugen, die Voraussetzung für jede einwandfreie Polierarbeit ist.

Das *Deckpolieren* erzeugt den eigentlichen Hochglanz. Materialgüte und Sorgfalt bei der Verarbeitung bestimmen die Qualität des Überzugs.

Das *Aus- und Abpolieren* beseitigt Reste von Polierölen und liefert die letzte Feinheit des Hochglanzes.

10.4.7 Die Technik des Polierens mit Schellackpolitur

10.4.7.1 Einlassen

Die ungebeizte oder gebeizte, sauber vorbehandelte Oberfläche wird mit einer „schwachen" Schellackpolitur ein- bis zweimal eingelassen. Nach dem Trocknen der Politur schleift man mit feinem Schleifpapier. Das Schleifen glättet die durch das Einlassen hochgezogenen Spitzen der Porenränder. Damit ist eine polierfähige Fläche gegeben.

10.4.7.2 Grundpolieren

Nach dem Einlassen erfolgt das Grundpolieren. Hierbei kommt wieder eine „schwache" Politur zur Anwendung. „Starke" Polituren ergeben beim Grundpolieren keine sauberen und klaren Flächen. Grundpolituren bzw. Porenfüller sind auf Seite 129 beschrieben. Im folgenden Beispiel ist Bimsmehl oder Glasstaub das Füllmaterial, Schellackpolitur das Bindemittel.

Zunächst wird die Balleneinlage mit schwacher Politur gut getränkt. Die Anfeuchtung darf jedoch nicht so stark sein, daß beim Zusammenpressen des Ballens die Politur zwischen den Fingern ausfließt. Mit dem so gesättigten Ballen, dem noch kein Bimsmehl anhaftet, vollführt man ineinandergehende Rundbewegungen oder Bewegungen in Achterform und zwar vom Rande der Fläche nach innen und am Rande der Fläche hinlaufend. Bei diesen Rundbewegungen, die von außen nach innen zum Körper hingehen, muß die Hand im Gelenk rollen. Dadurch wird die Bewegung exzentrisch und die aufgetragenen Polituren verarbeiten sich besser ineinander. Den Druck auf den Ballen steigert man mit abnehmender Feuchtigkeit. Beim Nachfüllen des Ballens gibt man mäßig Politur zu.

Wenn die Fläche auf diese Weise eine neue Schicht erhalten hat, wird Bimsmehl hinzugenommen. Die Zugabe von Bimsmehl kann so geschehen, daß es entweder zwischen Wolleinlage und Leinenhülle des Ballens eingestreut oder in geringer Menge auf einem Brettchen mit dem feuchten Ballen verrieben wird. In beiden Fällen verbindet sich das Bimsmehl gut mit dem Polierballen. Anstatt des Bimsmehls ist feinster Glasstaub verwendbar. Bimsmehl oder Glausstaub sind unter Rundbewegungen kräftig in die Poren hineinzureiben, bis diese vollständig gefüllt sind. Im anschließenden dritten Grundpoliergang arbeitet man zum Ausgleich von Auflagerungen auf der Fläche ohne Bimsmehl in großen Achterzügen. Hierauf wird nochmals mit Bimsmehl in kurzen Zügen weiterpoliert, bis alle Poren vollständig geschlossen sind. Wesentlich ist, daß das Bimsmehl nur in die Poren gerät, nicht aber auf der Oberfläche haften bleibt. Um letzteres zu vermeiden, feuchtet man den Polierballen zwischendurch mit Spiritus an.

Auf der Fläche auftretende glänzende Stellen deuten darauf hin, daß zwar genügend Schellack aufgetragen, aber nicht richtig verarbeitet ist und daß nun mit mehr Spiritus weiterpoliert werden muß, bis der Schellack vollständig in die Poren hineingerieben ist. Unter Glanzstellen sind die Poren meist nicht ausgefüllt, sondern nur überdeckt.

Zur Anfeuchtung des Polierballens ist zu merken: Die Politur kommt auf die Wolleinlage, der Spiritus auf die Unterseite des überzogenen Ballens; der Leinenüberzug wird dann abgenommen und zwischen den Händen so lange gerieben, bis der Spiritus das mit Bimsmehl und Schellack verstopfte Gewebe wieder geöffnet hat.

Wenn alle Poren geschlossen sind, stellt man den Gegenstand über Nacht zum Trocknen beiseite. Am nächsten Tag ist die Porenfüllung meist eingesunken und die

Oberfläche rauh geworden; damit ist jedoch nur ein natürlicher Zustand angezeigt. Bei der Arbeit eines ungeübten Polierers allerdings werden auf der Holzoberfläche auch matte Auflagerungen (Nester) erkennbar sein, die beseitigt werden müssen. Zur Behebung solcher Unvollkommenheiten schleift man die ganze Fläche mit Artifex oder Filz und Schleifpaste auf gleiche Höhe ab. Bei diesem Schleifen erscheinen die Auflagerungen als weiße Flecken, während die reine Fläche klar bleibt. Das endgültige Zupolieren erfolgt in kurzen Zügen mit stark verdünnter Politur im Ballen und mit wenig Bimsmehl.

Zum Abschluß des Polierens wird nochmals mit einem Polierballen poliert, der halb mit Politur und halb mit Spiritus getränkt ist. Auf diese Weise erhält die Porenfüllung eine feste Abschlußdecke.

Besonders wichtig sind folgende Hinweise:

Zum Grundpolieren darf man unter keinen Umständen Öl verwenden. Öl würde immer ausschwitzen und matte Stellen bewirken, während die Porenfüllung wieder einsinkt. Für Flächen, die poliert werden sollen, scheiden zum Einlassen Mattierungen aus, weil diese stark öl- und fetthaltig sind. Ferner ist die irrige Ansicht richtigzustellen, daß bei Porenfüllern das Bimsmehl überflüssig sei. Bimsmehl muß bis zum Auspolieren mitverwendet werden; denn es soll nicht nur füllen, sondern zugleich auch schleifen.

Beim Arbeiten in nicht staubfreien Räumen können durch Einlagerung von Staubpartikeln kleinste punktförmige Erhebungen, die sogen. „Polierläuse" entstehen; auch eingebettete größere Bimskörner führen zu ihrer Entstehung. Wenn man beim Grundpolieren Kanten oder Profile „durchpoliert", d. h. zu naß poliert und dadurch

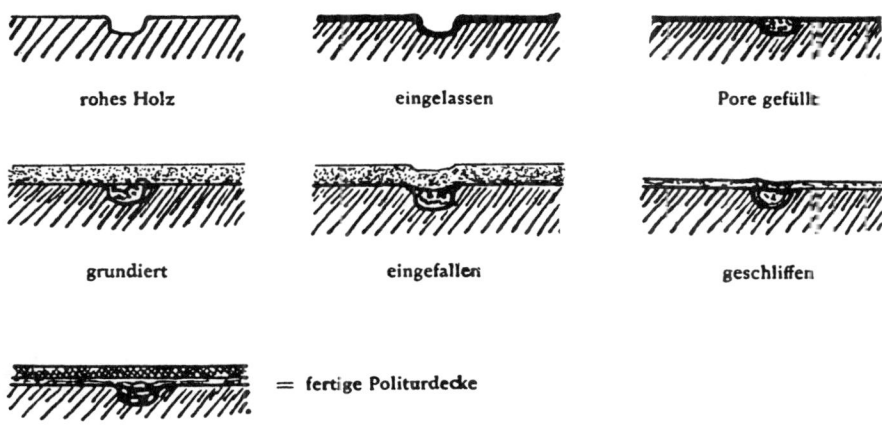

rohes Holz   eingelassen   Pore gefüllt

grundiert   eingefallen   geschliffen

= fertige Politurdecke

Bild 4
Arbeitsschritte des Einebnens: Einlassen, Porenfüllen, Grundieren, Schleifen

135

die Politurschicht und Beize angegriffen hat, so hilft bei derartigen Fehlerstellen ein Nachfärben mit spritlöslichen Teerfarben nicht. Spritlösliche Beizen werden beim Polieren weggewischt, weshalb die durchpolierte Kante wieder zum Vorschein kommt. Vielmehr muß die durchgeschliffene Stelle bis auf den Grund geschliffen und neuerdings gebeizt werden. Nach Auftrocknung der frischen Beizstellen poliert man weiter.

Je länger die Pausen zwischen den einzelnen Stufen des Polierens sind, desto edler wird die Oberfläche.

Abb. 4 zeigt schematisch die wesentlichen Schritte des Arbeitsablaufs und läßt die Bedeutung eines sorgfältigen Porenfüllens und Schleifens zur Einebnung erkennen.

10.4.7.3 Deckpolieren

Das Deckpolieren hat einen doppelten Zweck: Zum einen sollen die – wenn auch verschwindend kleinen – Höhenunterschiede zwischen den weichen und harten Jahresringen ausgeglichen werden; zum anderen soll ein dünner, aber widerstandsfähiger Überzug geschaffen werden. Beim Deckpolieren wirkt Bimsmehl ebenfalls als Schleifmittel.

Der erste Arbeitsvorgang des Deckpolierens ist das Schleifen der grundpolierten Fläche. Voraussetzung ist, wie schon mehrmals betont, daß die Poren absolut geschlossen sind. Geschliffen wird mit oder ohne Schleiföl. Zum Schleifen benützt man den mit Kork belegten Schleifklotz und Schleifpapier 320 bis 400 oder Artifex 200.

Mit dem Deckpolieren kommt der eigentliche Schellacküberzug auf das Holz. Dazu wird grundsätzlich ein neuer Polierballen verwendet. Damit sich Deck- und Grundpolitur gut verbinden und Schleifspuren verschwinden, arbeitet man zunächst ohne Öl. Bei diesem Vorgang erhält der Deckpolierballen wenig und schwache Politur. Der Ballen wird nun ganz durchgearbeitet, d. h. es wird solange mit ihm poliert, bis er keine Politur mehr abgibt. Das Deckpolieren erfolgt mit den gleichen Rundbewegungen wie beim Grundpolieren. Im weiteren Verlauf legt man durch den immer wieder neu mit Politur getränkten Ballen (und mit einigen Tropfen Öl auf den Ballen) Schellackschicht auf Schellackschicht, und zwar mit wachsendem Druck bei sich vermindernder Flüssigkeit. Nach einigen Poliertouren kommt, wie vordem beschrieben, Bimsmehl hinzu. Nun schleift das Bimsmehl mit und der Ballen „zieht" dadurch besser. Er erhält dann noch einige Tropfen Polieröl, das sich beim Polieren auf der Fläche verteilt. Beim Weiterpolieren kann die Politur allmählich stärker genommen werden. Mehrere dünne Schichten ergeben eine edlere, klarere und feinere Überzugsfläche als wenige starke Schichten. Der gleichmäßige Auftrag der Schellackschichten erfordert eine ziemliche körperliche Anstrengung.

Durch das Polieröl erreicht man, daß der Ballen „Wolken" zieht; Wolken entstehen beim Verdunsten des Spiritus in der Ölspur und sind deutlich erkennbar. Wenn diese

Wolken hinter dem Ballen hauchartig zusammenschlagen, so ist richtig gearbeitet. Sie fehlen dann, wenn der Polierballen zu naß oder der Druck unrichtig oder die Menge des Öles zu groß ist. Der Polierballen darf keine Glanzstellen bekommen. Andernfalls ist er zu trocken oder es ist zuviel Öl auf der Oberfläche. In solchen Fällen gibt man Spiritus auf die Ballenfläche und Bimsmehl dazu. Die Ballenfläche muß insbesondere am Ballenrand weich bleiben; harte Stellen verursachen Kratzer.

Auch beim Deckpolieren können sich „Polierläuse" bilden, oft schon durch der Werkstattstaub. Diese und sonstige kleine Erhebungen auf der Fläche sind durch leichtes Schleifen mit feinem Schleifpapier und Öl oder mit Sepiaschalen (innere, als „Schulp" bezeichnete Schale des Tintenfisches) oder mit Artifex entfernbar.

In der beschriebenen Weise ist nun die Fläche gleichmäßig gedeckt. Die Güte der ganzen Politurschicht erhöht sich, wenn man die einzelnen Auflagen immer wieder erhärten läßt, dann schleift und wieder, mit dünner Politur beginnend, weiterpoliert. Gegen Ende des Deckpolierens wird mit immer schwächerer Politur und mit weniger Öl gearbeitet, bis der Ballen, in dem sich fast nur noch Spiritus befindet, trockenpoliert ist. Bei sachgemäßem Deckpolieren dürfen weder Wischer (= feste Wolkenspuren), noch matte Stellen der Klarheit der Fläche Abbruch tun.

Der Ballen ist bei Unterbrechungen des Polierens stets in die Polierbüchse zu legen; wenn die Arbeitsfläche des Ballens der Luft ausgesetzt bleibt, trocknet die Politur im Gewebe des Ballens ein und dieser „zieht" nicht mehr. Er ist dann mit Spiritus wieder aufzuweichen und erhält vor dem Weiterpolieren einige Stäubchen Bimsmehl.

Falls die Flächen nicht hochglänzend sein sollen, so wird wohl deckpoliert, dann aber nur mit „Abstreichpolitur" in der Längsrichtung der Holzfaser ausgezogen. Nach dem Ausziehen darf hierbei kein Öl mehr auf der Fläche sein.

10.4.7.4 Aus- und Abpolieren

Die Deckpolitur beansprucht etwa 60 bis 80 Stunden zur Trocknung. Wenn schon beim Deckpolieren schwache Politur zur Verwendung kommt, so trifft dies beim Auspolieren in noch stärkerem Maße zu. Auch das Öl ist sparsamer zu verwenden. Anfänglich ist das Auspolieren nur die Fortsetzung und Verfeinerung des Deckpolierens. Im weiteren Arbeitsablauf geht es in das Abpolieren über; dieses bezweckt die allmähliche Entfernung des Öles, das während des Deckpolierens auf die Fläche gebracht wurde.

Das älteste Verfahren ist das *Aus- und Abpolieren mit reinem Spiritus*. Bei diesem ist die Leinenumhüllung des Polierballens, die das Öl aufsaugt, immer wieder zu verlegen. Damit die Politurschicht nicht aufreißt, darf man auf die Einlage des Ballens nur wenige Tropfen Spiritus geben. Das Öl ist restlos zu beseitigen. Zum Auspolieren wird ein eigener Ballen ohne Bimsmehlzusatz verwendet. Man beginnt mit Rundbewegungen über die ganze Fläche hin und geht dann in Achterbewegungen über; zuletzt wird mit dem fast trockenen Ballen in Längszügen auspoliert.

Das *Auspolieren mit Benzoelösung* ist ein Abkürzungsverfahren. Man befeuchtet dabei die Fläche eines kleineren Polierballens, der mit weicher, feiner Leinwand belegt ist, mit einer geringen Menge Benzoelösung und mit einigen Tropfen Polieröl. Dann wird der Ballen in Rundzügen oder in großen Schleifen trockenpoliert, wobei auf der Polierfläche Regenbogenfarben erscheinen. Wenn die Ölzugabe zu gering ist, so entstehen leichte „Wischer".

Das *Abpolieren* erfolgt mit einem der auf Seite 130 angeführten Abpoliermittel in der Weise, daß man wieder in großen schleifenförmigen Zügen mit einem frischen, mehrfach zusammengelegten Flanell- oder Trikotlappen das Öl abwischt. Der Lappen ist dabei immer wieder zu verlegen. Abschließend reibt man die Fläche mit einem reinen Lappen blank.

Bei Verwendung von Schwefelsäure und Wiener Kalk wird zunächst die Fläche mit Schwefelsäure abgerieben und mit dem Handballen bearbeitet. Dabei bildet sich eine graue „Schmiere". Diese verschwindet und die Fläche wird rein und klar, wenn man aus einem Leinensäckchen, das mit Wiener Kalkpulver gefüllt ist, dieses auf die Fläche dünn aufpudert und dann gründlich abwischt. Sollte nach einiger Zeit ein erneuter Ölausschlag auftreten, so ist das Abpolieren zu wiederholen. Um sich zu vergewissern, ob alles Öl entfernt ist, haucht man die polierte Fläche an. Bei restloser Beseitigung des Öles verflüchtigt sich dieser Hauchbelag rasch.

Die anderen pulverförmigen Abpoliermittel werden wie Wiener Kalk angewandt. Bei den käuflichen Abpolierwässern ist nach Gebrauchsanweisung zu verfahren.

Da der Austrocknungsprozeß sich je nach Material über Tage oder Wochen hinziehen kann, dürfen die fertig polierten Gegenstände nur in gut temperierten Räumen hinterstellt werden. In kalten, zugigen oder feuchten Räumen würde die polierte Fläche wieder Feuchtigkeit anziehen.

10.4.7.5 Polieren von Profilen, Kehlleisten usw.

Profile, Leisten usw. sind vor dem Polieren mit dünner Politur einzulassen und nach dem Trocknen zu schleifen. Da die Profile im Gegensatz zu den Flächen meistens keine Rundbewegungen zulassen, erfolgt das Polieren in langen Zügen mit dem Watteballen. Bei ungleichmäßigem Lackauftrag entstehen sogenannte „Fäden". Diese drückt man mit den Fingerspitzen der linken Hand nachstreichend nieder.

Wiener Kalk eignet sich nicht zum Abpolieren von Profilen, weil er sich in den Vertiefungen festsetzt. Das Auspolieren geschieht hier am besten mit einem Auspolierwasser. Zum Abschluß wird häufig mit dem in Petersburger Lack getränkten Watteballen ausgezogen.

10.4.8 Die Technik des Lackpolierens mit Nitrozellulose- und Kombinationspolituren

Bei handelsüblichen Nitrozellulose- und Kombinationspolituren ist die Polierzeit gegenüber dem Schellackpolierverfahren wesentlich abgekürzt und die Technik des Polierens in manchem vereinfacht („Schnellpolierverfahren"). Die Trocknungspausen sind jedoch im allgemeinen wie beim Schellackpolieren einzuhalten. Wenn man die Herstellervorschriften genau beachtet und nur zusammengehörige Präparate einer Firma benützt, darf mit sicherem Erfolg gerechnet werden.

Grundierung

Als Grundierung dient Nitrozelluloselack (Nitropolierlack) oder die vom Hersteller des angewandten Polierverfahrens vorgeschriebene Grundierung und Porenfüllung. Zum Auftrag eignen sich Pinsel[1]) und Spritzpistole sowie vielfach auch maschinelle Auftragstechniken. Der Lack ist nach Herstellerangaben zu verdünnen.

Beim Streichverfahren liegt Strich neben Strich. Hat der Lack eine ausreichend lange „offene Zeit" (Zeitspanne, während der er sich noch gut streichen läßt), kann man zur gleichmäßigeren Verteilung zuerst längs, dann quer und wieder längs streichen. Wenn sich beim Streichen Lackansätze auf der Fläche zeigen, übergeht man die ganze Lackfläche rasch mit Lackverdünnung.

Beim Spritzverfahren wird der Lack mit der Spritzpistole im Kreuzgang aufgespritzt. Man arbeitet je nach Lackkonzentration mit Düsenweiten von 1,5 bis 2 mm und einem Überdruck von 2 ... 3 bar. Zu hohe Konzentration und zu geringe Düsenweite ergeben beim Lackauftrag Bläschen.

Über die Flächenenden fährt man mit der Spritzpistole etwas hinaus, damit sich an diesen beim Wenden der Pistole nicht zuviel Lack ansetzt.

Erfahrungsgemäß soll nach dem ersten Auftrag mit Pinsel oder Spritzpistole der Lack 3 ... 4 Stunden, nach dem 2. Auftrag etwa 12, nach dem 3. Auftrag 36 ... 48 Stunden trocknen. Im allgemeinen gilt die Regel, daß die Polierfläche umso besser wird, je länger der Lack jeweils trocknen kann. Bei zu kurz bemessenen Trocknungszeiten fällt der Lack später in den Poren ein.

Nach Durchtrocknung jeder Lackschicht beseitigt man noch vorhandene Unebenheiten wie Spritznarben, Bläschen oder Läuse mit der Ziehklinge und schleift dann die letzte Lackschicht von Hand oder mit der Maschine glatt. Zum Nachschleifen von Hand dienen Schleifklötze mit Kork-, Filz- oder Gummiunterlage, um die ölfestes Schleifpapier gelegt wird (Körnung 150 ... 400). Naßschleifmittel sind Terpentinersatz, Sangajol, Petroleum oder käufliche Schleifwässer bzw. -pasten. Den

---

1) Neue Haarpinsel werden mit lauwarmem Seifenwasser gereinigt und gut mit kaltem Wasser gespült. Nach dem Trocknen zieht man die losen Haare aus. – Die Pinselhaare müssen bei jedem Eintauchen ganz mit Lack angefeuchtet werden. Dann streift man den Pinsel am Lackgefäßrand gut aus, damit Luft, die zwischen den Haaren sitzt, entweicht. Erst nach einem zweiten Eintauchen des Pinsels beginnt man mit dem Lackieren.

Schleifflüssigkeiten kann zur Erhöhung der Schleifwirkung Schleifpaste beigegeben werden. Der Abschluß ist dann erreicht, wenn die Fläche vollkommen eben ist und keine glänzenden Flecken mehr zeigt; glänzende Flecken sind ein Anzeichen dafür, daß noch tieferliegende, beim Schleifen nicht erfaßte Stellen vorhanden sind. Wenn die Lackschicht durchgeschliffen ist, muß nochmals lackiert werden. Maschinenschliff verlangt eine stärkere Lackschicht als Handschliff.

Verteilen

„Verteilen" einer Lackschicht bedeutet die letzte Einebnung einer plangeschliffenen Fläche vor dem eigentlichen Polierprozeß. Man verwendet dazu „Verteilerpolitur", welche sich in die obere Lackschicht hineinarbeitet und für den folgenden Polierprozeß eine verbundfähige Fläche vorbereitet. Beim Verteilen wird mit einem separaten Ballen ohne Öl gearbeitet.

Das Verteilen mit Verteilerpolitur soll mit ein bis zwei Ballen beendet sein; eine größere Menge von Verteilerpolitur auf der Lackschicht würde diese zu stark aufweichen und aufreißen. Wenn verteilt ist, muß deshalb sofort ein Ballen Politur ohne Öl (neuer Ballen!) aufgebracht werden, damit sich die nachfolgende Politur mit der Lackschicht verbinden kann.

Deckpolieren, Aus- und Abpolieren

Nach Trocknen über Nacht folgt zwei- bis dreimaliges Deckpolieren mit Zellulosepolitur (neuer Ballen!) ohne vorausgehendes Schleifen. Hierbei sind die meist sehr genauen Herstellervorschriften gewissenhaft zu befolgen. Solange als möglich soll ohne Ölzusatz gearbeitet werden.

Zum Auspolieren nimmt man verdünnte Zellulosepolitur oder Benzoelösung, zum Abpolieren Spezialpolierwässer („Polish").

10.4.9 Das Schwabbel-Polierverfahren

Beim Schwabbelpolierverfahren wird der Hochglanz nicht bereits während des Auftrags, sondern danach durch abtragendes Schleifen und Polieren erzeugt. Für dieses Verfahren eignen sich nur schwabbelfähige Lacke, die von den Herstellern als solche bezeichnet sind. Moderne Präparate zeigen ähnlich gute Eigenschaften wie Polyesterlacke.

10.4.9.1 Lackauftrag

Grundierung und Porenfüllung erfolgen in ähnlicher Weise wie auf Seite 139 beschrieben.

Der *Auftrag des Lacks* geschieht durch Pinsel oder Spritzpistole nach Herstellerangaben. Im allgemeinen gilt das bei Nitropolituren (Seite 139) Gesagte. Bei Spritzauftrag sind je nach Anforderungen 3 ... 4 Spritzgänge erforderlich; beim ersten Auftrag ist nach Herstellerangaben zu verdünnen.

Zur Verkürzung der Schleifarbeit wird vor dem Schleifen mit Schwabbelverteiler in Polierbewegungen vorverteilt. Dabei füllen sich die Poren und ebnet sich die Fläche. Die minimalen *Trocknungszeiten* betragen nach dem 1. Auftrag 3 ... 4 Std., nach dem letzten Auftrag bei Normaltemperatur 2 ... 3 Tage, bei 40° C 12 ... 24 Std. Je länger die Trocknungszeit ist, desto besser bleibt die fertig polierte Fläche stehen. Übermäßiges Nachfallen des Lackes in den Poren zeigt an, daß nicht ausreichend getrocknet war. Damit die fertig lackierten Flächen gut trocknen können, darf man sie nicht zu dicht aneinander stellen. Bei Zugluft oder Kälte vergraut der Lack.

10.4.9.2 Schleifen

Die gut getrockneten Werkstücke werden von Hand oder maschinell naß geschliffen. Zum Vorschliff dient Schleifpapier mit der Körnung 150, für Nachschliff solches mit Körnung 280 ... 320. Je nach Art des Materials können auch feinere Körnungen notwendig sein (Vorschliff 280, Nachschliff 400). Der Vorschliff gleicht alle vorhandenen Unebenheiten aus, der Nachschliff beseitigt nur die beim Vorschliff entstandenen Schleifriefen. Je sauberer die Lackschicht geschliffen wird, desto besser ist das Endergebnis. Die fertig beziehbaren Schleifflüssigkeiten sind 2 ... 3 Std. nach Beendigung des Schleifens abgedunstet. Von der gut entstaubten Fläche beseitigt man noch vorhandene Schleifspuren durch abermaliges Verteilen. Mit einem nur dafür bestimmten, mit Schwabbelverteiler leicht angefeuchteten Polierballen wird die geschliffene Lackfläche in Polierbewegungen bearbeitet. Um zu verhindern, daß sich der Lack durch den Verteiler zu stark anlöst und um evtl. aufgetretene Verteilerwischer zu entfernen, gibt man nun in den Polierballen etwas Spiritus und poliert in Richtung der Holzfaser.

10.4.9.3 Schwabbeln

Durch das Schwabbeln erhält die vorbereitete Fläche ihre Hochglanzpolitur. Bei Handbetrieb verwendet man dazu rotierende Scheiben mit einem Durchmesser von 20 ... 40 cm und einer Stärke von 5 ... 15 cm.

Diese bestehen aus zahlreichen aufeinandergelegten, runden Stoffscheiben aus Leinen, Flanell, Molton o. ä. Zur Verringerung der beim Schwabbeln auftretenden Wärme können sie gefaltet sein (Vergrößerung der Oberfläche). Der Antrieb erfolgt elektrisch z. B. durch den Winkelschleifer oder die biegsame Welle. Zum maschinellen Schwabbeln auf der Bandschleifmaschine dienen endlose Filzbänder vor 6 ... 8 mm Stärke und etwa 150 mm Breite.

Poliermittel sind allerfeinste Schleifkörner (Durchmesser einige Tausendstel mm), die in Wachs oder Pasten eingebettet sind. Polierpasten werden auf der zu polierenden Fläche verteilt bzw. auf das Filzband aufgetragen. Polierwachs in Klotzform bringt man auf die rotierende Scheibe bzw. das laufende Filzband durch Gegendrücken auf. Gelegentlicher Zusatz (bei Maschinen langsames Zutropfen) einer Polierflüssigkeit, z. B. Testbenzin, während des Schwabbelns erhöht die Wirksamkeit des Poliermittels.

Der Vorgang des Schwabbelns erfolgt in 2 Stufen, dem Vor- und dem Nachschwabbeln.

Das Vorschwabbeln geschieht mit Nesselscheibe und Schleifwachs oder Schwabbelpaste. Schleifwachs drückt man in mäßiger Menge auf die rotierende Scheibe. Wenn zuviel Wachs auf der Scheibe ist, rutscht sie nur ohne zu schleifen. Schwabbelpaste kommt sparsam auf die zu polierende Fläche; dann wird zuerst längs, danach quer und zuletzt wieder längs geschwabbelt. Zum Nachschwabbeln dient die Moltonscheibe. Auf dieser läßt man Polierwachs anlaufen und schwabbelt wie vorher längs, quer und wieder längs. Beim Vor- und Nachschwabbeln ist auf mäßigen Druck der Scheibe auf die Lackfläche zu achten, damit der Lack nicht durchgeschwabbelt wird oder sich zu stark erhitzt. Auf das Schwabbeln folgt das Abpolieren mit Wattebausch, weichem Trikotlappen oder Lammfellscheibe und Abpolierwasser, um Polierwachsreste zu entfernen. Es ist falsch, Politur oder Hochglanzpolitur auf eine fertig geschwabbelte Fläche aufzutragen, da die Politur mit ihr keine Verbindung eingeht und später abplatzen würde. Geschwabbelte Gegenstände sind lieferfertig.

10.4.10 Mattpolieren

Glänzende Flächen können in unterschiedlichem Grad durch trockene oder nasse Verfahren mattpoliert werden.

Beim *trockenen Arbeiten* bestreut man die polierte und von Öl befreite Fläche mit Bimsmehl. Mit einer weichen Roßhaarbürste bürstet man nun die Fläche Strich neben Strich in Richtung der Holzfaser matt. Den gleichen Erfolg zeitigen feine Stahlwolle, sogenannte „Schleifwolle" oder Microlanband, womit die Fläche längs der Holzfaser ebenfalls Strich neben Strich vorsichtig mattgerieben wird. Beim Lackpolierverfahren kann das Mattpolieren bereits nach dem Verteilen erfolgen.

Beim *nassen Verfahren* bringt man mit einem weichen Lappen reines Terpentinöl oder Sangajol auf die hochglanzpolierte Fläche. Aus einem Säckchen oder aus einer Streubüchse wird hierauf Bimsmehl gleichmäßig auf die Fläche verstreut und in der vorstehend beschriebenen Weise abgebürstet. Der entstehende Abrieb ist mit Flanell, Watte oder weißer Putzwolle abzuwischen.

Es ist empfehlenswert, bei dunklen Polierflächen pulverisierte Holzkohle anstelle von Bimsmehl zu verwenden, damit kein weißlicher Schimmer entsteht.

Ganz matte Flächen ergeben sich dann, wenn man statt mit Terpentinöl mit einfachem Petroleum arbeitet.

Nochmal sei darauf hingewiesen, daß das Mattbürsten niemals quer zur Holzfaserrichtung erfolgen darf. Wenn zusammengesetzte Flächen mattgebürstet werden sollen, so deckt man anders verlaufende Teile mit starkem Papier ab.

11. Auftragstechniken

11.1 Auftrag mit berührenden Geräten

Die einfachsten Auftragsgeräte sind Pinsel, Ballen und Rolle, die das aufzutragende Material durch Berührung des Werkstückes übertragen; sie werden mit der Hand geführt. Man verwendet sie bei Arbeiten an kleinen Flächen, Ausbesserungsarbeiten usw., oder wenn andere Beschichtungsgeräte nicht vorhanden sind (Baustelle). Hinweise zum Gebrauch der Geräte sind, soweit notwendig im Zusammenhang mit einer Reihe von Verfahren zur Oberflächenveredelung gegeben.

11.2 Auftrag durch Zerstäubung

Lackzerstäubende Techniken sind die wohl am weitesten verbreiteten Auftragsverfahren. Schon einfache Einrichtungen liefern ausgezeichnete Ergebnisse, mit aufwendigeren Anlagen ist ein Höchstmaß an Qualität bei geringem Zeitaufwand erreichbar. Zerstäubungsverfahren eignen sich daher für Klein- und Großbetriebe. Alle Verfahren beruhen auf dem gleichen Prinzip: Beim Austritt aus einer Düse wird das Auftragsgut in feinste Tröpfchen zerstäubt, die auf das Werkstück prallen und sich dort zu einer geschlossenen Schicht vereinen. Der Unterschied zwischen den einzelnen Verfahren besteht nur in der Art und Weise, wie die Flüssigkeit zum Austritt aus der Düse gebracht wird.

Die Vorteile der Zerstäubungstechnik sind vielfältig:

- rasche Materialverarbeitung
- gleichmäßige Beschichtung auch geformter Werkstücke und stehender sowie überkopfliegender Flächen
- Ausführung feinster Arbeiten möglich, z. B. ausbessern, patinieren
- Erzeugung besonderer Oberflächeneffekte, z. B. durch Mattnebeln (Seite 125)
- Für einfachere Arbeiten keine aufwendigen Vorrichtungen nötig, daher sehr beweglich und fast überall einsetzbar

Nachteilig, insbesondere bei den Luftspritzverfahren, ist die starke Lacknebelbildung, die Spritzverluste verursacht und gute Raumbelüftung bzw. das Arbeiten in Spritzkabinen erfordert.

11.2.1 Hochdruck-Luftspritzen

Das Hochdruckspritzen ist das bekannteste Spritzverfahren. Auftragsgerät ist die Spritzpistole; ihren schematischen Aufbau zeigt Bild 5. Aus der Luftdüse tritt die Druckluft mit hoher Geschwindigkeit aus. In ihrer Nähe liegt die Materialdüse. Die

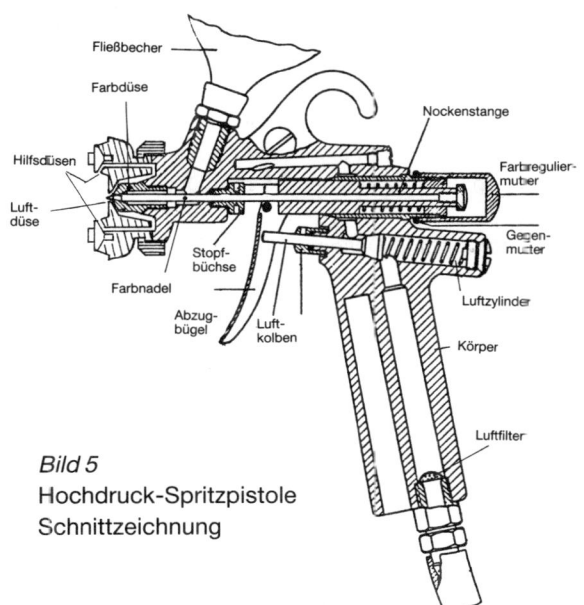

Bild 5
Hochdruck-Spritzpistole
Schnittzeichnung

vorbeiströmende Luft erzeugt dort einen Unterdruck und saugt das Auftragsgut heraus. Es verteilt sich in feinste Tröpfchen, die im Luftstrom auf das Werkstück gelangen und dort zu einer geschlossenen Schicht verlaufen.

Das Spritzgut kann von oben durch einen „Fließbecher" oder von unten aus einem „Saugbecher" zur Düse gelangen. Bei großem Durchsatz führt man es vorteilhafterweise aus einem Vorratsgefäß über einen Schlauch mit Hilfe von Druckluft oder einer Umwälzpumpe zur Pistole. Für Zweikomponentenlacke werden häufig Geräte mit zwei getrennten Materialkanälen benutzt; die Vermischung der beiden Komponenten findet erst im Spritzstrahl statt.

In der oben beschriebenen Anordnung tritt der Lacknebel in einem runden, kegelförmigen Strahl („Rundstrahl") aus der Düse aus. Bei vielen Spritzpistolen, insbesondere bei solchen für größere Arbeiten, liegen vor der Materialdüse noch zwei weitere, einander gegenüberstehende Hilfsdüsen. Die daraus entströmende Luft drückt den aus der Materialdüse kommenden, kegelförmigen Strahl flach, wobei je nach der Stellung der Hilfsdüsen ein Flach- oder Breitstrahl entsteht (Bild 6). In der Schrägstellung entweicht keine Luft und der Strahl bleibt rund.

Drückt man den Abzughebel der Spritzpistole zur Hälfte durch, so strömt nur Luft aus; in dieser Stellung kann man das Werkstück abblasen. Beim vollen Durchdrükken des Abzughebels gibt die Düsennadel die Düse frei und das Spritzgut kann austreten. Der einstellbare Hubweg der Nadel bestimmt die Durchflußmenge.

Luftdruck und Düsenweite richten sich nach der Viskosität (Zähigkeit) des Spritzgutes, die auch von der Temperatur abhängig ist. Man arbeitet mit Überdrücken von 1 ... 7 bar und Düsenweiten von 0,5 ... 3 mm; dickflüssiges und kaltes Spritzgut erfordert höhere Spritzdrücke und weitere Materialdüsen als dünnflüssiges Material. Der Luftverbrauch richtet sich nach dem Druck und der Düsenweite. Bei einem Überdruck von 2 bar und einer 1,5 mm-Düse werden pro Stunde etwa 20 m³ Luft verbraucht.

Da Luftdruck und Düsenweite den Zerstäubungsgrad bestimmen, läßt sich durch entsprechende Einstellung das Spritzgut auch aufnebeln; dabei verlaufen die aufprallenden, leicht angetrockneten Tröpfen auf der Werkstückoberfläche nicht mehr zu einem geschlossenen Film und bilden eine rauhe Schicht. Auf ähnliche Weise kann man patinieren, wobei beabsichtigte Farbtonunterschiede durch Auftragen von Lack bzw. Beize erreicht werden (vgl. Seite 82).

Den vielen Vorteilen des Hochdruckspritzens steht der Nachteil dert starken Lacknebelbildung entgegen, die hohe Spritzgutverluste zur Folge hat und gute Raumbelüftung oder das Arbeiten in Spritzkabinen erfordert.

Beim Spritzen sind folgende Arbeitsregeln zu beachten:

● Der Abstand zwischen Pistole und Werkstück soll 25 ... 30 cm betragen. Bei größeren Abständen werden die Lacktröpfchen zu trocken und verlaufen nicht mehr einwandfrei (rauhe Oberflächen); zu kleiner Abstand führt zu Dickenschwankungen in der Lackschicht.

● Die einzelnen Spritzbahnen müssen sich stets überlappen.

● Das Wenden soll etwas außerhalb des Werkstücks erfolgen, damit auch die Kanten gleichmäßig bedeckt und keine Ansätze sichtbar sind.

● Bei hohem Materialauftrag wird im Kreuzgang gespritzt, d. h. ein zweiter Spritzgang erfolgt quer zum ersten. Dadurch ergibt sich eine einheitliche Schichtdicke.

● Waagrechte Flächen können auf einmal dicker beschichtet werden und zeigen dann einen sehr gleichmäßigen Lackverlauf. Senkrechte Flächen werden zur Vermeidung von Läufen mehrmals dünn beschichtet.

● Insbesondere bei Verwendung von Reaktionslacken sind alle Geräteteile sofort sorgfältig zu reinigen.

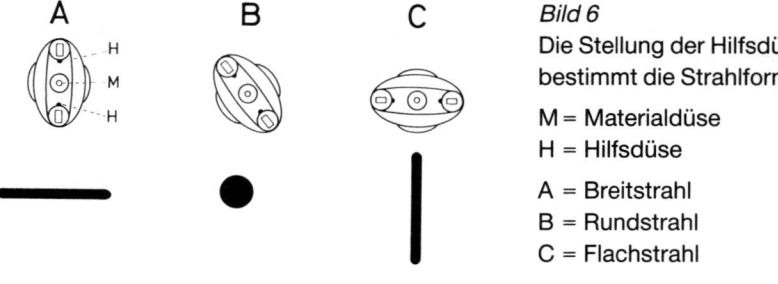

A   B   C

Bild 6
Die Stellung der Hilfsdüsen
bestimmt die Strahlform

M = Materialdüse
H = Hilfsdüse

A = Breitstrahl
B = Rundstrahl
C = Flachstrahl

11.2.2 Niederdruck-Luftspritzen

Im Grunde ist das Niederdruck-Verfahren nur eine Variante des Hochdruckverfahrens. Der Hauptunterschied zu diesem ist der geringe Luftdruck von nur 0,2 bis 0,5 bar Überdruck, der sich durch einfache Rotationsgebläse erzeugen läßt (z. B. Staubsauger). Der Luftverbrauch ist infolge der weiteren Luftdüsen das 3 bis 4fache des Verbrauchs beim Hochdruckspritzen.

Die Vorteile des Verfahrens sind die Anwendbarkeit einfacher und dadurch beweglicher Einrichtungen sowie niedrigere Materialverluste infolge schwächerer Lacknebelbildung. Sehr nachteilig dagegen sind die geringe Spritzleistung sowie die relativ grobe Lackzerstäubung, die schlechten Lackverlauf und narbige Oberflächen bewirkt.

11.2.3 Airless-Spritzen

Beim Airless-Spritzverfahren (airless = luftfrei) wird das Spritzgut unter einem Druck von 120 ... 150 bar durch eine Düse gedrückt, wobei es sich entspannt und in feinste Tröpfchen zerstäubt. Der entstehende Lacknebel ist schwerer als Luft und fällt auf das Werkstück, wo er zu einer geschlossenen Schicht verläuft. Den hohen Spritzdruck erzeugt eine elektrisch oder mit Druckluft betriebene Materialpumpe. Das Spritzgut wird über einen Hochdruckschlauch der Pistole zugeführt, deren Düse wegen der bei hohem Druck schleifenden Wirkung des Lackes aus Hartmetall besteht (Durchmesser 0,3 ... 0,5 mm).

Das Airlessverfahren hat eine Reihe von Vorteilen:
- wesentlich höhere Auftragsleistung gegenüber dem Luftspritzen, daher besonders wirtschaftlich für größere Betriebe
- sehr geringes Versprühen des Lackes im Arbeitsraum, daher geringere Luftbelastung und Spritzgutverluste
- keine Bläschen, Krater, Grauschleier usw. im aufgebrachten Lackfilm, die durch Lufteinschlüsse verursacht sind; kein Rückprallen der Spritzluft

Als Nachteile stehen dem gegenüber:
- aufwendige technische Einrichtungen
- keine Einsatzmöglichkeit für beizen, nebeln oder patinieren.

11.2.4 Elektrostatisches Lackieren

Zwischen dem Werkstück und dem Sprühgerät wird ein hohes elektrisches Gleichspannungsfeld angelegt, das die austretenden Lacktröpfchen elektrisch auflädt. Diese bewegen sich entsprechend dem Verlauf der elektrischen Feldlinien auf das Werkstück zu, wobei sie auch teilweise dessen Rückseite bedecken. Voraussetzung für dieses Verfahren ist eine gewisse elektrische Leitfähigkeit des Werkstükes, die bei Metallen stets vorhanden ist und bei Holz eine Mindestfeuchte von 8 ... 10% erfordert.

Der Vorteil des Verfahrens liegt in dem weitgehend verlustfreien Auftrag, da praktisch das gesamte versprühte Material das Werkstück trifft. Dies ist besonders beim Lackieren von Rohrkonstruktionen, Rahmen usw. von Bedeutung. Jedoch müssen zum elektrostatischen Lackieren Speziallacke verwendet werden.

11.3 Lackierverfahren mit direktem Filmauftrag

Diese Verfahren sind hauptsächlich der Möbelindustrie vorbehalten, wo große Flächen möglichst halb- bis vollautomatisch bei hoher Qualität und raschem Drucksatz beschichtet werden sollen. Die Lackverluste bei diesen Verfahren sind sehr gering.

11.3.1 Gießen

Das Gießverfahren eignet sich für ebene und wenig geformte Werkstücke. Kernstück der Gießmaschine ist der sogenannte Gießkopf, an dessen Unterseite aus einem verstellbaren Spalt der Lack über die gesamte Breite austritt und als geschlossener Film auf das auf einem Förderband darunter vorbeilaufende Werkstück fällt. Die Auftragsmenge kann durch die Spaltbreite und durch die Transportgeschwindigkeit des Werkteils bestimmt werden. Der Lack wird durch eine Förderpumpe vom Vorratsgefäß in den Gießkopf gepumpt; nicht auf das Werkstück fallender Lack wird aufgefangen und gelangt in das Vorratsgefäß zurück.

Bei Zweikomponentenlacken können Härter und Stammlack nacheinander in getrennten Arbeitsgängen oder ein einem Gang mittels eines Doppelkopfes aufgetragen werden (vgl. Polyester, Seite 102). Durch Vorwärmen der Werkstücke auf 40 ... 80° C sind Lufteinschlüsse vermeidbar. Fast alle Lacke sind zum Gießen geeignet.

11.3.2 Walzen

Beim Walzen wird über eine rotierende Gummiwalze ein geschlossener Lackfilm auf das ebene Werkstück übertragen. Dieser zylindrischen „Auftragswalze" ist eine ebenfalls zylindrische, kleinere „Dosier-Walze" in veränderlichem Abstand benachbart. Zwischen den beiden Walzen verbleibt ein enger Spalt. Im Zwischenraum darüber befindet sich der Lack, der aus dem Spalt unten austritt und durch die rotierende Auftragswalze sehr gleichmäßig auf das darunter vorbeilaufende Werkstück übertragen wird. Die Auftragswalze kann glatt oder zur Erhöhung der Auftragsmenge genarbt sein.

Die in einem Walzdurchgang auftragbare Lackmenge ist mit 30 ... 40 g/m^2 gering; höhere Auftragsmengen erzielt man durch Mehrfachbeschichtung mit kurzer Zwischentrocknung in hintereinander angeordneten Maschinen oder durch Doppelwalzen in einer Maschine.

11.3.3 Tauchen und Fluten

Beim Tauchen wird das Werkstück in den Lack getaucht, beim Fluten wird es damit übergossen. Der überschüssige Lack muß von selbst abtropfen. Die (meist niedrige) Lackviskosität ist ausschlaggebend für Schichtdicke und Lackverlauf. Beide Verfahren eignen sich auch für geformte Teile, die jedoch keine Vertiefung aufweisen dürfen, wo sich Lack ansammeln könnte.

Das Tauchen kann von Hand oder maschinell erfolgen. Es eignet sich für einfache Teile, wenn nur geringe Ansprüche an die Gleichmäßigkeit der Lackschicht gestellt sind.

Geflutet wird nur in automatischen Anlagen, wo Viskosität, Temperatur und Transportgeschwindigkeit aufeinander abgestimmt und konstant gehalten werden. Flutlackierungen zeigen daher guten Verlauf und saubere, glänzende Oberflächen.

12. Arbeitsschutz, Unfallverhütung

12.1 Gesetze und Verordnungen

12.1.1 Gesetzliche Verordnungen

In der gewerblichen Wirtschaft werden gefährdende Arbeitsstoffe in steigendem Umfang eingesetzt. Um die mit ihrem Umgang verbundenen Gefahren zu vermeiden, sind eine Reihe von Bestimmungen erlassen worden. Die für das Gebiet der Oberflächenbehandlung wichtigste gesetzliche Vorschrift ist die *„Verordnung über gefährliche Arbeitsstoffe"*, kurz Arbeitsstoff-Verordnung (abgekürzt *Arb.Stoff V* bzw. AV) in der Fassung vom 11. 2. 82.[1])

Sie definiert die für den Arbeitsschutz wichtigsten Eigenschaften gefährlicher Stoffe, klärt in einer umfangreichen Stoffliste über Gefahren und Schutzmaßnahmen auf und schreibt eine deutliche Kennzeichnung der Verpackung durch die in der Liste genannten Namen, Symbole und Sätze vor. Für eine Reihe von Stoffen regelt sie die an die Beschaffenheit des Arbeitsplatzes zu stellenden Forderungen.

Die Verordnung ist in 6 Abschnitte und 2 Anhänge unterteilt:

● Der erste Abschnitt beschreibt gefährliche Eigenschaften der Stoffe und damit zusammenhängende Begriffe.

● Der zweite Abschnitt bezieht sich auf Vorschriften über sichere Verpackung und informative Kennzeichnung von Stoffen und Gemischen („Zubereitungen").

● Der dritte Abschnitt gibt Anweisungen für den Umgang mit gefährlichen Arbeitsstoffen. Die auf der Verpackung durch den Hersteller oder Vertreiber aufzudruckenden Gefahrenhinweise (R-Sätze, Seite 154) und Sicherheitsratschläge (S-Sätze, Seite 155) belehren über Gefahrenverhütung bei Gebrauch gefährlicher Arbeitsstoffe. Auch Beschäftigungsverbote zum Schutz bestimmter Personengruppen regelt dieser Abschnitt.

● Der vierte Abschnitt befaßt sich mit allgemeinen Vorschriften zur gesundheitlichen Überwachung.

● Der fünfte Abschnitt gibt Auskunft, wann ein Verstoß gegen die Vorschriften und Verordnungen als Straftat oder Ordnungswidrigkeit gilt.

● Im sechsten Abschnitt werden u. a. Zusammensetzung und Aufgaben des aus Fachleuten gebildeten „Ausschusses für gefährliche Arbeitsstoffe" (AgA) bestimmt.

---

1) Für 1986 ist eine Neufassung dieser Verordnung unter der Bezeichnung „Gefahrstoff-Verordnung der EG-Länder" vorgesehen, die eine etwas geänderte Eingruppierung gefährlicher Arbeitsstoffe unter Berücksichtigung besonderer Eigenschaften (z. B. krebserzeugend) erwarten läßt. U. a. ist auch eine Erweiterung der R- und S-Sätze geplant.

● Inhalt von Anhang I ist die umfangreiche Liste der als solche zu kennzeichnenden gefährlichen Arbeitsstoffe, eine Zusammenstellung der zu verwendenden Symbole, Gefahrenhinweise (R-Sätze) und Sicherheitsratschläge (S-Sätze). Zuletzt vermittelt er Berechnungsgrundlagen zur Kennzeichnung von Zubereitungen.

● Anhang II verweist auf besondere Schutzmaßnahmen, die für den Umgang mit gefährlichen Arbeitsstoffen in bestimmten Fällen vorgeschrieben sind. In diesem Sinne als gefährlich gelten z. B. krebserzeugende Arbeitsstoffe, Tetrachlorkohlenstoff, Tetra- und Pentachloräthan, Strahlmittel, silicogener Staub, Oberflächenbehandlung in geschlossenen Räumen und Behältern.

Die *Unfallverhütungsvorschrift* VBG 125 vom 1. 4. 1980 über die Sicherheit am Arbeitsplatz unterscheidet in Anlehnung an DIN 4844 Warnzeichen, Verbotszeichen, Gebotszeichen und Rettungszeichen.

Bei der Ausstattung von Arbeitsplätzen ist die *„maximal zulässige Arbeitsplatzkonzentration" (MAK-Wert)* von Stoffen mit chronischer Gesundheitsgefährdung oder belästigender Wirkung zu berücksichtigen. Die MAK-Werte sind einschlägigen Tabellen zu entnehmen.

Technische Richtkonzentrationen (TRK) werden nur für solche gefährliche Arbeitsstoffe benannt, für die z. Z. keine MAK-Werte aufgestellt werden können, wie krebserzeugende oder erbgutändernde Stoffe. Die Einhaltung der TRK am Arbeitsplatz soll das Risiko einer Gesundheitsbeeinträchtigung mindern, kann diese jedoch nicht völlig ausschließen.

Die *Technischen Regeln für brennbare Flüssigkeiten* (TRbF) enthalten die für den praktischen Umgang bedeutsamen Vorschriften der sehr umfangreichen Verordnung über brennbare Flüssigkeiten (VbF).

Explosionsschutz-Richtlinien (EX-RL) geben wichtige Hinweise für die Vermeidung von Gefahren durch eine explosible Atmosphäre, wie sie bei der Verarbeitung von Lösemitteln in geschlossenen Räumen entstehen kann.

12.1.2 Berufsgenossenschaftliche Vorschriften

Die neue UVV 1 *„Allgemeine Vorschriften"* vom 28. 7. 1977 bildet die Grundlage für die übrigen Unfallverhütungsvorschriften der gewerblichen Berufsgenossenschaften. Ihre Regelungen sind ausnahmslos für alle Betriebe bindend.

Die *Merkblätter des Hautverbandes der gewerblichen Berufsgenossenschaften* (Zefu) über chemische Stoffe und Stoffgruppen informieren über mögliche Gefahren und Schutzmaßnahmen z. B. im Umgang mit lösemittelhaltigen Arbeitsstoffen.

Die *Merkblätter der BG-Chemie* über den Umgang mit gefährlichen Stoffen, z. B. Polyester- und Epoxidharzen, sowie u. a. über Einzelstoffe und Stoffgruppen, Feuergefahren und Gesundheitsschutz sollen ebenfalls aufmerksam beachtet werden.

Die *Arbeitsstättenverordnung* (ArbStätt V) vom 20. 3. 1975 hat zum Hauptziel die Verbesserung der Arbeitsbedingungen am Arbeitsplatz, z. B. Lüftung, Temperatur, Beleuchtung, Schutz gegen Lärm, Gase, Dämpfe, Nebel, Stäube usw.

Zu den jeweiligen Paragraphen der ArbStätt V werden zusätzliche *Arbeitsstätten-Richtlinien* (ASR) herausgegeben, in denen Erfahrungen aus der Praxis, vorhandene Regeln und arbeitswissenschaftliche Erkenntnisse zusammengefaßt sind.

12.2 Gefahrenkennzeichnung für den Umgang mit Chemikalien; Sicherheitsratschläge

12.2.1 Kennzeichnungspflicht

Im Bereich der Mitgliedstaaten der Europäischen Gemeinschaft sind gefährliche Arbeitsstoffe entsprechend den Vorschriften des Chemikaliengesetzes (vom 19. September 1980) mit Gefahrensymbolen, besonderen Gefahrenhinweisen (R-Sätze) und Sicherheitsratschlägen (S-Sätze) zu kennzeichnen.

Die Verordnung über gefährliche Arbeitsstoffe (Arb.StoffV) in der Neufassung vom 11. 2. 1982 schreibt im Anhang I Nr. 1.1 (Stoffliste) die Kennzeichnung bestimmter gefährlicher Arbeitsstoffe vor. Diese Kennzeichnungspflicht gilt nicht nur für Hersteller und Vertreiber, sondern sinngemäß auch für Betriebe, wenn beispielsweise gefährliche Arbeitsstoffe in andere Behälter gefüllt werden. Daher sind bei den besprochenen Chemikalien entsprechende Hinweise angegeben (Kapitel 3).

Das Fehlen eines Gefahrenhinweises bedeutet jedoch nicht, daß dieser Stoff ungefährlich ist. Die für den Umgang mit Chemikalien üblichen hygienischen Vorsichts- und Schutzmaßnahmen sind immer zu beachten.

Für Werkstätten und Betriebe ist das Vorhandensein aller Unterlagen über die einschlägigen Sicherheitsverordnungen und -Hinweise gesetzliche Pflicht. Obwohl sich dadruch ein näheres Eingehen darauf im Rahmen dieses Buches erübrigen würde, sind diese dennoch in knapper Form wiedergegeben, um dem Leser eine rasche Auswertung der insbesondere in Abschnitt 3 enthaltenen Angaben zu diesem Thema zu ermöglichen.

12.2.2 Gefahrensymbole und Gefahrenkennzeichnung

Gefährliche Arbeitsstoffe können einer oder mehreren der nachfolgenden Eigenschaftengruppe angehören. Dementsprechend sind ggf. mehrere Gefahrensymbole anzubringen und sämtliche zur Anwendung kommenden R- und S-Sätze anzugeben.

Explosionsgefährliche Arbeitsstoffe (E)

Sie können unter bestimmten, durch das Sprengstoffgesetz festgelegten Bedingungen, zur Explosion gebracht werden.

Brandfördernde Arbeitsstoffe (O)

Sie können durch Kontakt mit brennbaren Stoffen diese entzünden bzw. auch bestehende Brände ganz erheblich fördern und das Löschen erschweren.

Hochentzündliche Arbeitsstoffe (F)

Hierzu gehören alle Stoffe und Zubereitungen, die im flüssigen Zustand einen Flammpunkt unter 0° C und einen Siedepunkt von höchstens 35° C haben.

Leichtentzündliche Arbeitsstoffe (F)

Hierzu gehören:

Selbstentzündliche Stoffe

Leichtentzündliche feste Stoffe

Leichtentzündliche gasförmige Stoffe

Stoffe, die bei Berührung mit Wasser leichtentzündliche Gase in gefährlicher Menge entwickeln

Flüssigkeiten mit einem Flammpunkt unter 21° C.

Die Verordnung über brennbare Flüssigkeiten (VbF) unterscheidet dabei:

Gruppe A: mit Wasser *nicht* mischbar (und deshalb mit Wasser nur begrenzt löschbar)

Gruppe B: mit Wasser mischbar.

**Ent-
zünd-
lich**

Entzündliche Arbeitsstoffe (F)

Dazu gehören nach der ArbStoffV brennbare Flüssigkeiten mit einem Flammpunkt zwischen 21 und 55° C. Für diese schreibt die ArbStoffV in der Regel keine Kennzeichnung ausdrücklich vor.

Sehr giftige Arbeitsstoffe (T)

Sie können infolge Einatmen, Verschlucken oder einer Aufnahme durch die Haut äußerst schwere akute oder chronische Gesundheitsschäden oder den Tod bewirken.

Giftige Arbeitsstoffe (T)

Zu dieser Gruppe zählen Stoffe, die nach Einatmen, Verschlucken oder Aufnahme durch die Haut akute oder chronische Gesundheitsschäden erheblichen Ausmaßes oder den Tod verursachen können.

Gesundheitsschädliche Arbeitsstoffe (Xn)
Sie rufen bei Aufnahme in den Körper Gesundheitsschäden geringeren Ausmaßes hervor.

Ätzende Arbeitsstoffe (C)
Sie vermögen bei Berührung mit lebendem Gewebe dessen Zerstörung zu verursachen. Sie können aber auch durch Zerstörung von Betriebsmitteln die Unfallgefahr erhöhen.

Reizend wirkende Arbeitsstoffe (Xi)
Von ihrer Einwirkung werden in erster Linie die Haut (Hautreizstoffe), die Atmungsorgane (Atemreizstoffe) oder die Augen (Augenreizstoffe) betroffen.

12.2.3 Gefahrenhinweise und Sicherheitsratschläge

Mit der am 14. 3. 1976 erschienenen neuen Stoffliste zur Kennzeichnungs-Richtlinie der EG wurde die Zahl der Gefahrenhinweise (R-Sätze) und Sicherheitsratschläge (S-Sätze) verringert und neue Zuordnungen von Sätzen und Nummern geschaffen. Diese neue Liste trat mit der letzten Änderung der ArbStoffV offiziell in Kraft.

Bezeichnung der besonderen Gefahren (R-Sätze)

R 1 In trockenem Zustand explosionsfähig
R 2 Durch Schlag, Reibung, Feuer oder anderen Zündquellen explosionsfähig
R 3 Durch Schlag, Reibung, Feuer oder anderen Zündquellen leicht explosions-fähig
R 4 Bildet hochempfindliche explosionsfähige Metallverbindungen
R 5 Beim Erwärmen explosionsfähig
R 6 Mit und ohne Luft explosionsfähig
R 7 Kann Brand verursachen
R 8 Feuergefahr bei Berührung mit brennbaren Stoffen
R 9 Explosionsgefahr bei Mischung mit brennbaren Stoffen
R 10 Entzündlich
R 11 Leichtentzündlich
R 12 Hochentzündlich
R 13 Hochentzündliches Flüssiggas
R 14 Reagiert heftig mit Wasser
R 15 Reagiert mit Wasser unter Bildung leicht entzündlicher Gase

R 16 Explosionsfähig in Mischung mit brandfördernden Stoffen
R 17 Selbstentzündlich an der Luft
R 18 Bei Gebrauch Bildung explosionsfähiger/leichtentzündlicher Dampf-Luftgemische möglich
R 19 Kann explosionsfähige Peroxide bilden
R 20 Gesundheitsschädlich beim Einatmen
R 21 Gesundheitsschädlich bei Berührung mit der Haut
R 22 Gesundheitschädlich beim Verschlucken
R 23 Giftig beim Einatmen
R 24 Giftig bei Berührung mit der Haut
R 25 Giftig beim Verschlucken
R 26 Sehr giftig beim Einatmen
R 27 Sehr giftig bei Berührung mit der Haut
R 28 Sehr giftig beim Verschlucken
R 29 Entwickelt bei Berührung mit Wasser giftige Gase
R 30 Kann bei Gebrauch leicht entzündlich werden
R 31 Entwickelt bei Berührung mit Säure giftige Gase
R 32 Entwickelt bei Berührung mit Säure hochgiftige Gase
R 33 Gefahr kumulativer[1]) Wirkungen
R 34 Verursacht Verätzungen
R 35 Verursacht schwere Verätzungen
R 36 Reizt die Augen
R 37 Reizt die Atmungsorgane
R 38 Reizt die Haut
R 39 Ernste Gefahr irreversiblen[2]) Schadens
R 40 Irreversibler[2]) Schaden möglich
R 42 Sensibilisierung[3]) durch Einatmen möglich
R 43 Sensibilisierung[3]) durch Hautkontakt möglich

Sicherheitsratschläge (S-Sätze)

S 1 Unter Verschluß aufbewahren
S 2 Darf nicht in die Hände von Kindern gelangen
S 3 Kühl aufbewahren
S 4 Von Wohnplätzen fernhalten
S 5 Unter Wasser aufbewahren

---

1) sich anhäufend, summierend
2) nicht mehr ausheilbar
3) gesteigerte Empfindlichkeit

S 5a Unter Paraffinöl aufbewahren

S 5b Unter Petroleum aufbewahren

S 6 Unter ... aufbewahren (inertes Gas vom Hersteller anzugeben)[1])

S 7 Behälter dicht geschlossen halten

S 8 Behälter trocken halten

S 9 Behälter an einem gut gelüfteten Ort aufbewahren

S 10 Inhalt feucht halten

S 11 Zutritt von Luft verhindern

S 12 Behälter nicht gasdicht verschließen

S 13 Von Nahrungsmitteln, Getränken und Futtermitteln fernhalten

S 14 Von leichtentzündlichen Stoffen ferhalten

S 15 Vor Hitze schützen

S 16 Von Zündquellen fernhalten – Nicht rauchen

S 17 Von brennbaren Stoffen fernhalten

S 18 Behälter mit Vorsicht öffnen und handhaben

S 20 Bei der Arbeit nicht essen und trinken

S 21 Bei der Arbeit nicht rauchen

S 22 Staub nicht einatmen

S 23 Gas/Rauch/Dampf/Aerosol nicht einatmen (geeignete Bezeichnung(en) vom Hersteller anzugeben)

S 24 Berührung mit der Haut vermeiden

S 25 Berührung mit den Augen vermeiden

S 26 Bei Berührung mit den Augen gründlich mit Wasser abspülen und Arzt konsultieren

S 27 Beschmutzte, getränkte Kleidung sofort ausziehen

S 28 Bei Berührung mit der Haut sofort abwaschen mit viel Wasser

S 28a Bei Berührung mit der Haut sofort abwaschen mit viel Kupfersulfatlösung 2 %

S 28b Bei Berührung mit der Haut sofort abwaschen mit viel Propylenglykol

S 29 Nicht in die Kanalisation gelangen lassen

S 30 Niemals Wasser hinzugießen

S 31 Von explosionsfähigen Stoffen fernhalten

S 33 Maßnahmen gegen elektrostatische Aufladungen treffen

S 34 Schlag und Reibung vermeiden

S 35 Abfälle und Behälter müssen in gesicherter Weise beseitigt werden

S 36 Bei der Arbeit geeignete Schutzkleidung tragen

S 37 Geeignete Schutzhandschuhe tragen

S 38 Bei unzureichender Belüftung Atemschutzgerät anlegen

S 39 Schutzbrille/Gesichtsschutz tragen

---

1) inert = reaktionsträg

S 40 Fußboden und verunreinigte Gegenstände mit ... reinigen (Material vom Hersteller anzugeben)

S 41 Explosions- und Brandgase nicht einatmen

S 42 Bei Räuchern/Versprühen geeignetes Atemschutzgerät anlegen (geeignete Bezeichnung(en) vom Hersteller anzugeben)

S 43 Zum Löschen Wasser verwenden

S 43 a Zum Löschen Sand verwenden (kein Wasser verwenden)

S 44 Bei Unwohlsein ärtzlichen Rat einholen (wenn möglich dieses Etikett vorzeigen)

S 45 Bei Unfall oder Unwohlsein sofort Arzt zuziehen (wenn möglich dieses Etikett vorzeigen)

Kombination der R-Sätze

R 14/15	Reagiert heftig mit Wasser unter Bildung leichtentzündlicher Gase
R 15/29	Reagiert mit Wasser unter Bildung giftiger und leichtentzündlicher Gase
R 20/21	Gesundheitsschädlich bei Einatmen und bei Berührung mit der Haut
R 21/22	Gesundheitsschädlich bei Berührung mit der Haut und beim Verschlucken
R 20/22	Gesundheitsschädlich beim Einatmen und Verschlucken
R 20/21/22	Gesundheitsschädlich beim Einatmen, Verschlucken und bei Berührung mit der Haut
R 23/24	Giftig beim Einatmen und bei Berührung mit der Haut
R 24/25	Giftig bei Berührung mit der Haut und beim Verschlucken
R 23/25	Giftig beim Einatmen und Verschlucken
R 23/24/25	Giftig beim Einatmen, Verschlucken und Berührung mit der Haut
R 26/27	Sehr giftig beim Einatmen und bei Berührung mit der Haut
R 27/28	Sehr giftig bei Berührung mit der Haut und beim Verschlucken
R 26/28	Sehr giftig beim Einatmen und Verschlucken
R 26/27/28	Sehr giftig beim Einatmen, Verschlucken und Berührung mit der Haut
R 36/37	Reizt die Augen und die Atmungsorgane
R 37/38	Reizt die Atmungsorgane und die Haut
R 36/38	Reizt die Augen und die Haut
R 36/37/38	Reizt die Augen, Atmungsorgane und die Haut
R 42/43	Sensibilisierung durch Einatmen und Hautkontakt möglich

Kombination der S-Sätze

S 1/2	Unter Verschluß und für Kinder unzugänglich aufbewahren
S 3/7/9	Behälter dicht geschlossen halten und an einem kühlen, gut gelüfteten Ort aufbewahren
S 3/9	Behälter an einem kühlen, gut gelüfteten Ort aufbewahren
R 7/9	Behälter dicht geschlossen an einem gut gelüfteten Ort aufbewahren
S 7/8	Behälter trocken und dicht geschlossen halten
S 20/21	Bei der Arbeit nicht essen, trinken, rauchen
S 24/25	Berührung mit den Augen und der Haut vermeiden
S 36/37	Bei der Arbeit geeignete Schutzhandschuhe und Schutzkleidung tragen
S 36/39	Bei der Arbeit geeignete Schutzkleidung und Schutzbrille/Gesichtsschutz tragen
S 37/39	Bei der Arbeit geeignete Schutzhandschuhe und Schutzbrille/Gesichtsschutz tragen
S 36/37/39	Bei der Arbeit geeignete Schutzkleidung/Schutzhandschuhe und Schutzbrille/Gesichtsschutz tragen

12.3 Beseitigung verschütteter oder übriggebliebener Chemikalien

Während größere Mengen von nicht mehr benötigten Chemikalien entsprechend den Bestimmungen des Abfallbeseitigungsgesetzes zu behandeln sind, können kleine Restmengen durch einfache chemische Umwandlungsreaktionen in umweltfreundliche bzw. unschädliche Verbindungen überführt werden. Sie sind entsprechend ihren chemischen Eigenschaften – beispielsweise durch Neutralisation, Oxidation oder Reduktion – so zu verändern, daß die Endprodukte im Abwasser oder in einer normalen Mülldeponie keine Gesundheits- oder Umweltschäden verursachen.

1. Anorganische Säuren und saure Lösungen werden zunächst mit Wasser verdünnt und dann langsam durch Zugabe von Natronlauge neutralisiert (pH 6 ... 8). Die entstandene Salzlösung kann – gegebenenfalls nach weiterer Verdünnung – dem Abwasser zugeführt werden.

   Verschüttete Säuren werden mit überschüssigem Kalziumhydroxid- und/oder mit Natriumhydrogenkarbonat-Pulver bestreut. Nach beendeter Reaktion kann mit einem feuchtem Lappen aufgenommen und mit viel Wasser gespült werden.

2. Die in wäßriger Lösung sauer reagierenden Salze werden gegebenenfalls zunächst mit Natriumhydrogenkarbonat-Pulver gemischt, dann in viel Wasser gelöst und neutralisiert dem Abwasser zugesetzt.

3. Anorganische, wasserlösliche Hydroxide, Laugen und organische Basen werden mit verdünnter (Schwefel-) Säure langsam neutralisiert und als Salzlösung (pH 6...8) mit Wasser verdünnt ins Abwasser geleitet. Verschüttete Laugen und alkalisch reagierende Flüssigkeiten können mit überschüssigem Natriumhydrogensulfatpulver bestreut, dann mit feuchtem Lappen aufgenommen und mit viel Wasser weggespült werden.

4. Basische Salze werden gegebenenfalls zunächst mit festem Natriumhydrogensulfat gemischt, in Wasser gelöst und als verdünnte, neutralisierte Lösungen (pH 6...8) ins Abwasser geleitet.

5. Leichtflüchtige organische Verbindungen können in kleineren Portionen bei guter Absaugung oder im Freien verdunsten. Die Bildung von brennbaren Dampf/Luft-Gemischen ist zu vermeiden. Offene Flammen oder sonstige Zündquellen sind fernzuhalten.

6. Kleinere Mengen, z. B. auch Lösemittelreste, können mit Filterpapier oder anderen brennbaren Saugstoffen aufgenommen und in einer offenen Schale im Freien verbrannt oder auch verflüchtigt werden (siehe Methode 5).

7. Diese relativ harmlosen Stoffe können mit viel Wasser verdünnt direkt dem Abwasser zugesetzt werden. Die zulässige Höchstkonzentration ist zu beachten.

8. Organische Säuren sind nach 1 oder 2 zu neutralisieren. Ungiftige Stoffe können dann dem Abwasser zugesetzt werden, giftige sind als Sondermüll zu beseitigen.

9. Kleine Mengen können mit Wasser verdünnt dem Abwasser zugesetzt werden.

10. Oxidierende, brandfördernde Verbindungen werden mit festen Reduktionsmitteln wie Natriumthiosulfat oder Natriumsulfit gut gemischt. Dann wird unter Rühren wenig Wasser zugesetzt. Gegebenenfalls ist die Reaktion durch vorsichtige Zugabe von verdünnter Schwefelsäure zu beschleunigen. Nach Neutralisation kann die Flüssigkeit mit viel Wasser in die Kanalisation gespült werden.

Quellennachweis

1. Kühn-Birett
Umgang mit Arbeitsstoffen
Ecomed-Verlagsgesellschaft
Justus-von-Liebig-Straße 1
8910 Landsberg/Lech

2. Kühn-Birett
Merkblätter Gefährliche Arbeitsstoffe
Verlag Moderne Industrie,
Wolfgang Dummer + Co.
Ehrenbreitsteiner Str. 36, 8000 München 50

3. Riedel-de Haen AG
Wunstorfer Straße 40
D-3016 Seelze 1 / Hannover
Laborchemikalien 1984

ANHANG

Technische Maßeinheiten
Umrechnungsregeln

Raum- und Hohlmaß

Einheit des Volumens ist nach dem Gesetz über Einheiten im Meßwesen vom Juli 1969 das Kubikmeter (m^3), davon abgeleitet das Kubikdezimeter (dm^3), Kubikzentimeter (cm^3) usw. Ein besonderer Name für das Kubikdezimeter ist das Liter (l), wovon auch abgeleitete Größen, z. B. Milliliter (ml; 1 ml = 1 cm^3) gültig sind. Eine nicht gesetzlich verankerte Regel besagt, daß der Rauminhalt von Festkörpern in Kubikmetern usw. angegeben wird, während man für das Volumen eines Hohlkörpers das Liter verwendet. Flüssigkeitsmengen sind daher im Text immer in Litern bzw. Millilitern angegeben.

Druck

Durch das am 2. Juli 1969 vom Bundestag verabschiedete „Gesetz über Einheiten im Meßwesen" müssen ab Januar 1978 die neu festgelegten Einheiten physikalischer Größen verwendet werden.
Die Einheit des Druckes ist das „Pascal" (Pa) bzw. das „bar", wobei gilt:
$$100\,000 \text{ Pascal} = 1 \text{ bar.}$$
In der Technik wird meist das bar als Druckeinheit benutzt, das mit der alten Bezeichnung „Atmosphäre" (at) in folgendem Zusammenhang steht:
$$1 \text{ bar} = 0,98 \text{ at, oder } 1 \text{ at} = 1,02 \text{ bar.}$$
In der Praxis ist die Vereinfachung 1 bar ≈ 1 at in den meisten Fällen zulässig. Der Begriff des Überdrucks ist in der neuen Regelung nicht vorgesehen. Korrekterweise wäre jetzt anzusetzen
$$1 \text{ atü} = 0,98 \text{ bar (Atmosphärendruck)} + 0,98 \text{ bar (Überdruck)}$$
$$= 1,96 \text{ bar oder rund 2 bar}$$
Um Verwirrungen mit alten Angaben in atü zu vermeiden, sind im vorliegenden Text Drücke stets als Überdruck angegeben, wobei die Zahlenwerte für atü und bar dann praktisch gleich bleiben.

Umrechnung von Mischungsangaben

Mischungsverhältnisse können in Mischungsanteilen oder Prozent angegeben sein. Prozent (aus lat. pro centum = je 100) bedeutet, daß auf 100 Teile Gesamtmenge soundsoviele Teile eines Mischungsanteils treffen.

160

Die Angabe „20%iger Alkohol" bedeutet:

Auf 100 Teile Gesamtvolumen treffen

20 Teile Alkohol + 80 Teile Wasser; (100−20=80)

Mischungsbeispiele:

20 ml Alkohol + 80 ml Wasser ergeben 100 ml 20%igen Alkohol

oder:

200 ml Alkohol + 800 ml Wasser ergeben 1 Liter 20%igen Alkohol

oder:

2 (beliebig große) Teile Alkohol

+8 Teile (derselben Größe) Wasser

ergeben 10 Teile (derselben Größe) 20%igen Alkohol

Zu mischende Stoffe haben meist nicht dasselbe spezifische Gewicht. Es ist daher bei Mischungsverhältnissen stets anzugeben, ob Volumen- oder Gewichtsanteile bzw. Volumen- oder Gewichtsprozente gemeint sind.

Sehr kleine Mischungsanteile werden in „ppm" angegeben. ppm bedeutet (engl) „parts per million", d. h. „Teile pro Million". Beispiel: Ein Anteil von 50 ppm eines Stoffes in einem Gemisch bedeutet, daß z. B. je Kubikmeter (= 1 Million Kubikzent - meter) 50 Kubikzentimeter des betreffenden Stoffes enthalten sind. 10000 ppm entsprechen einem Anteil von 1%.

Die Einheit ppm wird beispielsweise bei der Angabe der MAK-Werte (Abschnitte 3+12) verwendet.

Sachwortverzeichnis